Untersuchungen über Wurzelatmung

Inaugural-Dissertation
zur Erlangung der Doktorwürde
einer Hohen Philosophischen Fakultät
der Universität Köln

vorgelegt von

Max Löweneck
aus München

Springer-Verlag Berlin Heidelberg GmbH
1930

Referent: Professor Dr. Hermann Sierp

Tag der mündlichen Prüfung: 23. November 1929

ISBN 978-3-662-40737-0　　　　ISBN 978-3-662-41219-0 (eBook)
DOI 10.1007/978-3-662-41219-0

Sonderabdruck aus
„Planta" Archiv für wissenschaftliche Botanik
Bd. 10, Heft 2

1. Einleitung.

Zum Studium der chemischen Vorgänge, die sich bei der Atmung abspielen, bedient man sich mit Vorteil niederer Organismen. Doch ist es nicht angängig, alle an derartigen Lebewesen gewonnenen Untersuchungsergebnisse auch auf Betrachtungen des Lebensgetriebes der höheren Pflanzen zu übertragen. Denn jene zeigen in ihrem Stoff- und Energiewechsel ein viel ausgeprägteres Anpassungsvermögen, als wir es bei diesen finden. So sind z. B. selbst grüne Algen vielfach zu heterotropher Lebensweise befähigt, während dies bei höheren Pflanzen nur in seltenen Ausnahmen zutrifft. Aus diesem Grunde müssen auch die durch weitergehende Differenzierung gekennzeichneten Gewächse immer wieder zur Untersuchung herangezogen werden.

Bei dem Versuch, den Verlauf der normalen Atmung bei höheren Pflanzen festzustellen, ist es nun schwer, ein geeignetes Objekt zu finden. Bei Keimlingen und keimenden Samen, die eine ziemlich hohe Atmungsintensität besitzen und aus diesem Grunde wohl geeignet wären, macht sich die gleichzeitig stattfindende Mobilisation der Reservestoffe bei Atmungsversuchen störend bemerkbar. Sie ist ja vielfach mit einer merklichen Sauerstoffaufnahme verbunden. Daher kann man auf Grund einer quantitativen Bestimmung der von der Pflanze verbrauchten Menge dieses Gases noch nichts darüber aussagen, welcher Anteil davon auf den gewöhnlichen Atmungsvorgang trifft. Außerdem haben SIERP (13), STÅLFELT (15) und FRIETINGER (7) in neuester Zeit nachgewiesen, daß die Samenschale dem Gasaustausche der umschlossenen Gewebe hinderlich ist, und so die Atmung der Zellen des Samens unter Bedingungen vor sich geht, wie sie bei denen anderer pflanzlicher Organe vermutlich nicht vorhanden sind. Sucht man Sproßstücke zur Untersuchung der Atmung heranzuziehen, so muß man sich mit dem schwierigen Problem auseinandersetzen, wie über die Diffusionsverhältnisse des durch Spaltöffnungen und Interzellularen gebildeten Durchlüftungssystemes dieser Pflanzenteile Rechenschaft gegeben werden kann. Auch macht sich, bei manchen Fragestellungen, der Assimilationsvorgang unangenehm bemerkbar, der bei diesen Organen unter der Einwirkung von Licht vor sich geht. Wenn man diese Schwierigkeiten bedenkt, erscheint die Wurzel, wegen ihres verhältnismäßig einfachen anatomischen Baues noch am besten der Erforschung der Atmung höherer Pflanzen zugänglich.

In umfassenden Untersuchungen, deren Ergebnis im Jahre 1921 von CERIGHELLI (4) veröffentlicht wurde, wird nun darauf hingewiesen, daß der Gasaustausch dieser unterirdischen Organe durch die Lebenstätigkeit des Sprosses weitgehend beeinflußt werden könne. Es hatte sich in zahlreichen Versuchen gezeigt, daß bei Pflanzen, deren Wurzelsystem in einem künstlichen Nährboden sich befand, die Entfernung des Sprosses eine wesentliche Veränderung des Atmungsquotienten der Wurzeln zur Folge hatte. Solange die Pflanze unversehrt blieb, war nämlich das Verhältnis der abgegebenen Kohlensäure zum aufgenommenen Sauerstoff bei diesen chlorophyllfreien Pflanzenteilen bedeutend kleiner als 1. Wurde aber der Stengel, der mit den Blättern aus dem Versuchsgefäß ragte, von den Wurzeln abgetrennt, so veränderte sich der Atmungsquotient der letzteren nahezu bis zum Wert 1. Auf Grund dieser Beobachtung kam CERIGHELLI zu der Vermutung, daß durch die Assimilations- und Transspirationstätigkeit der grünen Teile der Pflanze der Gasaustausch der unterirdischen Organe stark beeinflußt werde. Um für diese Auffassung Beweise zu geben, führte der genannte Verfasser auch eine Anzahl Versuche aus, deren Ergebnis dafür spricht, daß lebhafte Transpiration der Pflanzen eine bedeutende Erhöhung der Sauerstoffaufnahme und eine weniger starke Vermehrung oder Verminderung der Kohlensäureabgabe der Wurzeln zur Folge habe. Ferner muß man im Hinblick auf diese Versuche annehmen, daß die Kohlensäureassimilation der grünen Teile der Pflanze ebenfalls den Gasaustausch der unterirdischen Organe merklich verändern könne.

Es liegt in der Tat nahe, an eine Beeinflussung der gesamten Lebenstätigkeit und damit auch der Atmung der Pflanzenwurzeln durch so wichtige Lebenserscheinungen, wie den Transpirationsstrom und die Assimilation der Kohlensäure, zu denken. Man könnte sich zunächst vorstellen, daß eine physikalische Einwirkung der Transpiration auf den Gasaustausch der Wurzeln stattfinde. CERIGHELLI weist darauf hin, daß ein ziemlich großer Teil der bei der Atmung in den Zellen entstehenden Kohlensäure durch den aus der Wurzel zum Sproß übertretenden Wasserstrom in Lösung mitgeführt werden könne. Ebenso ist es nicht unwahrscheinlich, daß der bei lebhafter Kohlensäureassimilation vermutlich in den grünen Teilen der Pflanze auftretende höhere Partiärdruck des Sauerstoffs eine Abwanderung desselben zu den chlorophyllfreien Organen zur Folge habe. Doch kann man auch an eine in der Natur des Organismus begründete Abstimmung der Atmung auf die genannten Lebenserscheinungen denken, da doch letzten Endes alle wichtigen Lebensvorgänge durch die Stoffwechselerscheinungen verknüpft sind.

Untersuchungen, die sich mit der Frage der Einwirkung des Sprosses auf den Gasaustausch der Wurzeln befassen, kommt aber methodische Bedeutung zu. Denn wenn in dieser Hinsicht wirklich eine so weitgehende Beeinflussung der unterirdischen Organe durch die grünen Teile der Pflanze besteht, so kann der Gasaustausch der Wurzeln nur dann zur Aufklärung chemischer Vorgänge in den Geweben herangezogen werden, wenn diese störende Einwirkung ausgeschaltet oder genau festgelegt ist. Bei Untersuchungen über den Verlauf der Atmung oder die Bedeutung der Nährsalze für den Stoffwechsel der Pflanzen, die hauptsächlich auf die Analyse des Gasaustausches der Versuchsobjekte sich stützen, wird man diese Fehlerquelle zu beachten haben. Auch kann die Atmungsintensität abgetrennter Wurzeln dann niemals als Maßstab für den Sauerstoffbedarf oder die Kohlensäureabgabe des Wurzelsystems am Standort dienen.

Aus diesen Erwägungen heraus wurde versucht, den Einfluß der Transspiration und, wenn möglich, der Assimilation der Kohlensäure auf die Atmung der Wurzeln eingehender zu prüfen und zu untersuchen, wie weit überhaupt eine direkte Beeinflussung der Atmung durch den Sproß nachgewiesen werden könne. Am aussichtsreichsten erschien es zunächst, die Beziehungen zwischen Transpiration und Wurzelatmung quantitativ zu verfolgen, da durch Verbindung von Transpirationsmessungen und Potometerversuch verhältnismäßig einfach ein Überblick über die Größe der aus der Wurzel in den Sproß übertretenden Wassermenge zu gewinnen ist.

Nachdem eindeutig festgelegt war, daß unter den gewählten Versuchsbedingungen ein Einfluß der Transpiration auf die Atmung der untersuchten Organe nicht vorhanden ist, wurde versucht, einen Einblick in die Frage zu gewinnen, ob einer Einwirkung der Assimilation auf die Atmung der Wurzeln Bedeutung zukomme.

Schließlich wurde der Sproß von der Wurzel abgeschnitten und untersucht, ob unter diesen Umständen der Gasaustausch der Wurzeln ebenfalls noch im wesentlichen unverändert bleibt.

2. Methodische Vorbemerkungen.
Wahl der Versuchsanordnung.

CERIGHELLI hatte den Einfluß der Transpiration auf den Verlauf der Atmung von Pflanzenwurzeln in einer Versuchsanordnung festgestellt, die den Vorteil hatte, daß sie den natürlichen Standortsverhältnissen der unterirdischen Organe sehr nahe kam. Als Rezipienten wurden Lampenzylinder verwendet, die einen künstlichen Boden enthielten. Dieser bestand aus kleinen Bimssteinkörnern und wurde mit KNOPscher Nährlösung begossen. Der Zylinder war an einem oberen Ende so abgedichtet, daß der Sproß sich außerhalb des Gefäßes befand und nur das Wurzelsystem eingeschlossen wurde. Daneben war noch ein Glasrohr angebracht, das der Entnahme von Luftproben aus dem Versuchsgefäß diente. Am unteren Ende des Zylinders befand sich ein Trichter, durch den überflüssige Nährlösung abgelassen werden konnte. Während des Versuchs war der Rezipient luftdicht abgeschlossen, und zu Beginn und nach Beendigung des Experimentes wurden aus ihm Luftproben entnommen und so Sauerstoffaufnahme und Kohlensäureabgabe der Pflanzenwurzeln nach der Methode von BONNIER und MANGIN zu ermitteln gesucht.

Diese Versuchsanordnung gibt den Wurzeln allerdings die Möglichkeit, auch während des Versuchs ihrer normalen Aufgabe der Wasser- und Nährsalzaufnahme gerecht zu werden. Doch stellt der mit Nährlösung begossene Bimsstein ein recht unübersichtliches Versuchsmedium dar. Es ist durchaus möglich, daß der Wassergehalt dieses künstlichen Bodens eine gleichmäßige Verteilung der für die Analyse in Frage kommenden Gase über alle Teile des Versuchsgefäßes bedeutend erschwert. In diesem Falle besteht die Gefahr, daß die durch die Atmungstätigkeit der Wurzeln hervorgerufene Abnahme des Sauerstoffgehalts und Zunahme der Kohlensäuredichte nicht in allen Teilen des Versuchsgefäßes gleich ist und so mit Hilfe einzelner Luftproben nicht in ihrer Gesamtheit ermittelt werden kann. In einer Abhandlung von ROMELL (11), die sich mit der Bodendurchlüftung befaßt, ist darauf hingewiesen, daß der Diffusionskoeffizient der in Wasser gelösten Gase nur etwa 1/10 000 desjenigen beträgt, der für Diffusion in Gasform zutrifft. Auf Seite 325 ist in dieser eben erwähnten Arbeit eine Tabelle HANNENs wiedergegeben, aus der ebenfalls der bedeutende Einfluß der Bewässerung des Bodens auf die Diffusion der Gase in ihm zu ersehen ist.

Zu diesen Untersuchungen ist ferner zu bemerken, daß bei den üblichen Methoden der Bestimmung der Diffusionskonstante meist zu hohe Werte gefunden werden, da die Mischung der Gase durch Ausgleichsströmung nicht immer hinreichend ausgeschaltet werden kann. Selbst ganz geringe Luftbewegungen vermögen das Ergebnis eines Diffusionsversuches schon stark zu verändern. Dies geht aus Versuchen von SIERP und NOACK (14) hervor, die in Zusammenhang mit einer Untersuchung über den Einfluß verschiedener physikalischer Faktoren auf die Verdunstung einer freien Wasserfläche durchgeführt wurden. Bei einem vollständig trockenen Luftstrom von 0,009 cm/Sekunde wurden einer mit Wasser gefüllten Glasschale 37 mg Wasserdampf entführt; bei einem Luftstrom von 0,018 cm/Sekunde 63,4 mg, bei 0,036 cm/Windgeschwindigkeit 92,8 mg. Die geringste Luftbewegung genügt also, um das Übertreten der Moleküle aus dem Wasser in die Luft um ein Mehrfaches zu beschleunigen.

Je nachdem nun das Wasser im Bimsstein sich verteilt, entstehen eine ganze Anzahl mehr oder minder gut abgeschlossener windstiller Räume.

Die Ausgleichströmungen, denen bei roheren Diffusionsversuchen eine große Bedeutung für die Durchmischung der Gase zukommt, sind dann nahezu oder vollständig ausgeschaltet.

Es ist also reichlich schwierig, über die Geschwindigkeit etwas auszusagen, mit der die Gase in einem so komplizierten und schwer definierbaren physikalischen Gebilde, wie es der von CERIGHELLI verwendete Bimssteinboden darstellt, sich mischen. Daher wurde bei den beabsichtigten eingehenderen Untersuchungen über den Einfluß der Lebenstätigkeit des Sprosses auf den Gasaustausch der Wurzel ein Versuchsmedium an seine Stelle gesetzt, das einer genaueren und vollständigeren Analyse zugänglich ist. Die Bestimmung der Atmung in einem lufterfüllten Versuchsgefäß kam dabei nicht in Frage, da die Wasserversorgung der Pflanzen in diesem Falle mehr oder minder stark unterbunden ist. Deshalb wurde die Untersuchung an Wurzeln vorgenommen, die in Wasser untergetaucht waren.

Dieses Verfahren mag zunächst etwas gewaltsam erscheinen. Wenn das Wurzelsystem der bei derartigen Untersuchungen aus anatomischen Gründen in erster Linie in Betracht kommenden Landpflanzen unter Wasser gesetzt ist, leidet es vermutlich an Sauerstoffmangel. Doch bietet dieses Vorgehen die einzige Möglichkeit, die Wurzeln in einem gleichförmigen, genauer erforschbaren Stoff zu untersuchen, ohne ihre Wasseraufnahme unsicher zu machen. Schon die ersten Versuche über die Atmung untergetauchter Wurzeln zeigten, daß die Sauerstoffaufnahme dieser Objekte in der beabsichtigten Versuchsanordnung immerhin noch recht energisch vor sich geht. Im Hinblicke auf diese günstigen Ergebnisse wurden die Arbeiten in der gedachten Weise weitergeführt.

Die bei Atmungsversuchen gewöhnlich angewandten manometrischen Methoden kommen bei Untersuchung untergetauchter, mit der Pflanze verbundener Wurzeln nicht in Betracht. Es ist in diesem Falle schwer festzustellen, welcher Anteil an der durch das Manometer angezeigten Volumenänderung auf Sauerstoffaufnahme und welcher auf Wasseraufnahme trifft. Außerdem macht diese Arbeitsweise die Anwendung eines beträchtlichen Luftraumes notwendig. Man ist so wiederum gezwungen, bei Untersuchung des Gasaustausches der Wurzeln mit einem heterogenen System zu arbeiten. Da das unversehrte Wurzelsystem, im Vergleich zu seiner Atmungsintensität, einen ungewöhnlich großen Raum einnimmt, wäre die Anwendung einer verhältnismäßig großen Wassermenge notwendig. Dies führt wieder zu den schon erörterten Schwierigkeiten, die Diffusionsverhältnisse in einem größeren Versuchsgefäß genau zu erfassen.

Es wurde daher das Atmungsgefäß ganz mit Wasser gefüllt und sein Sauerstoffverlust und seine Kohlensäurezunahme auf folgende Art zu ermitteln versucht: Unter Vorsichtsmaßnahmen wurde das Wasser am

Ende des Versuches vollständig in ein anderes Gefäß übergeführt, direkt auf Sauerstoff- und Kohlensäuregehalt untersucht und sein anfänglicher Gehalt an diesen Gasen mit dem Ergebnis verglichen. Bei diesem Vorgehen stellte es sich aber heraus, daß bei der notwendig werdenden Teilung der Substanz in je eine Probe für Kohlensäure- und Sauerstoffbestimmung zwar die Sauerstoffkonzentration des Wassers mit hinreichender Genauigkeit zu ermitteln war, nicht aber die Dichte der Kohlensäure.

Auch eine von WARBURG (18) angegebene Methode zur Bestimmung geringer Mengen von Kohlensäure in wäßrigen Flüssigkeiten erwies sich bei den in Frage kommenden Konzentrationsverhältnissen als nicht hinreichend genau. Bei dieser Methode wird die Kohlensäure durch kohlendioxydfreie Luft, nach Ansäuern der Probe mit Phosphorsäure, ausgetrieben und in WALTERschen Gaswaschflaschen durch titriertes Barytwasser aufgenommen. In fünf aufeinander folgenden, nach diesen Angaben ausgeführten, Analysen eines kohlensäurehaltigen destillierten Wassers wurden nun folgende Werte für Kohlendioxyd gefunden:

1,30 ccm, 1,30 ccm, 0,99 ccm, 1,42 ccm, 1,57 ccm. Mittel: 1,31 ccm.

Die Zahlen sind aus den 300 ccm umfassenden Proben auf einen Liter umgerechnet. Aus ihnen ist zu ersehen, daß die größte Abweichung der Ergebnisse vom Mittelwert fast 25% beträgt.

In einem Liter Wasser sind bei Zimmertemperatur nur etwa $6\,^1/_2$ ccm Sauerstoff löslich. Wenn man vermeiden will, daß die Konzentration dieses Gases innerhalb der Versuchszeit zu sehr herabgedrückt wird, darf der Atmungsversuch nur so lang ausgedehnt werden, bis etwa 1—2 ccm verbraucht sind. Es zeigt sich nun, daß Sauerstoffaufnahme und Kohlensäureabgabe unter den in Frage kommenden Versuchsbedingungen einander ziemlich gleich sind. Aus dieser Beobachtung und den angegebenen Analysenresultaten ist ohne weiteres ersichtlich, daß bei den in Rechnung zu stellenden Konzentrationsverhältnissen, die denen der angegebenen Bestimmungen des Kohlensäuregehaltes von destilliertem Wasser nahekommen, hinreichende Genauigkeit mit WARBURGS Arbeitsweise nicht erzielt werden konnte. Es wurde nun versucht, eine Verbesserung vorzunehmen und, in Anbetracht einer Vorschrift in der angegebenen Notiz, die Wasserprobe, sowie die WALTERschen Flaschen während des Durchleitens der kohlensäurefreien Luft im Wasserbade erwärmt. Doch wurden auch dann keine besseren Ergebnisse erzielt.

Um nun den Versuch doch auf längere Zeit ausdehnen und mit größeren Kohlensäuremengen arbeiten zu können, wurde durch das Gefäß, in dem die Wurzeln sich befanden, ein Luftstrom geleitet und das dabei entführte Kohlensäuregas ebenfalls schon in den WALTERschen Flaschen aufgefangen. So war es möglich, den Sauerstoffgehalt des Wassers auf längere Zeit ziemlich nahe dem Sättigungszustand zu erhalten. Eine gleichzeitige Bestimmung der Sauerstoffaufnahme der Wurzeln war damit aber unmöglich geworden. Sie mußte in einer eigenen Reihe von Versuchen ausgeführt werden und erfolgte in der schon angedeuteten Weise durch direkte Bestimmung des Sauerstoffgehalts des Wassers vor und nach dem Versuch.

Das Einbringen und Befestigen der Objekte im Versuchsgefäß.

Das Einbringen und Befestigen der Objekte im Versuchsgefäß wurde bei beiden Untersuchungsmethoden, bei Bestimmung der Kohlensäureabgabe, wie bei Feststellung der Sauerstoffaufnahme der Wurzeln, in der gleichen Weise ausgeführt. Als Rezipienten wurden durchwegs becherförmige Gläser von etwa $1/4$ bis nahezu 1 Liter Inhalt verwendet. Auf diese wurde als Abschluß ein Kautschukstopfen aufgesetzt, der mit einer Bohrung, die durch die Achse des zylindrischen Kautschukstückchens lief, versehen und mit dessen Mantelfläche durch einen feinen Schlitz der ganzen Länge nach verbunden war. Durch Auseinanderziehen der beiden, auf diese Weise entstandenen Flügel des Stopfens wurde es möglich, den Stengel der Versuchspflanze so in die Bohrung einzuführen, daß beim Aufsetzen des Kautschuckverschlusses das Wurzelsystem der Pflanze im Versuchsgefäß eingeschlossen wurde, der größte Teil der Sproßachse mit den Blättern aber daraus hervorragte. Da der Stengel der verschiedenen Versuchspflanzen nicht immer genau in die Bohrung paßte, wurde ein Wattering so um ihn gelegt, daß er in dessen unterem Teil festsaß. Im übrigen wurden der Rest des Hohlraums der Bohrung und der größte Teil der Oberfläche des Stopfens mit Kakaobutter übergossen. Dieser war etwa der zehnte Teil Hammeltalg beigegeben. Dadurch wurde dem Abdichtungsmittel die unangenehme Sprödigkeit genommen und zugleich ein rascheres Erstarren erreicht.

Da die Versuchsanordnungen zur Bestimmung der Sauerstoffaufnahme und Kohlensäureabgabe der Pflanzenwurzeln im übrigen manche Verschiedenheiten zeigen, ist jede für sich genauer geschildert.

Auswahl der Versuchspflanzen.

Aus der Wahl der Versuchsanordnung ergab sich ohne weiteres, daß nur Pflanzen mit einem gut entwickelten Stengel als Versuchsobjekte in Frage kommen konnten. Dieser war durch einen seitlichen Schlitz in eine Bohrung des Kautschukstopfens einzuführen. So ließ ein einfacher Abschluß des Wurzelsystems von den Sproßteilen erreichen. Die Pflanzen wurden bei den ersten Versuchen mitsamt der das Wurzelsystem umgebenden Erde im Garten aus dem Boden gehoben und im Arbeitsraum durch leichtes Abklopfen und wiederholtes Wässern von Erde befreit. Für alle weiteren Versuche wurden ungefähr gleich stark entwickelte Topfkulturen verwendet, die je nach Witterung und Jahreszeit im Kalthaus oder im Freien standen. Ihr Wurzelballen wurde in trockenem Zustande aus dem Kulturgefäß genommen und ebenso behandelt, wie derjenige der im Garten gesammelten Objekte.

Nicht jede Pflanzenart erwies sich der beschriebenen Behandlung zugänglich. So war z. B. das Wurzelsystem von *Poinsettia pulcherrima* und *Ricinus Zansibariensis* so brüchig, daß stets eine größere Anzahl von Wurzeln dabei abbrachen. Auch *Helianthus annuus* war aus diesem Grunde nicht so gut brauchbar wie die schließlich zu den beschriebenen Versuchen verwendeten Pflanzen von *Sonchus oleraceus* und *Zea Mays*.

Vergleichsweise wurden auch Nährlösungskulturen von *Zea Mays* zu den Versuchen herangezogen. Ihr Wurzelsystem brauchte nur gewässert zu werden, um für die Versuche verwendet werden zu können. Von *Sonchus oleraceus* wurden fast durchwegs blühende Exemplare verwendet. Die *Mays*-Pflanzen hatten gerade das fünfte Blatt entfaltet.

Ermittlung des Transpirationsstromes.

Bei den Versuchen über den Einfluß des Transpirationsstroms auf die Größe der Wurzelatmung war eine Ermittlung der in der Pflanze stattfindenden Wasserbewegung notwendig. Dies wurde auf zweierlei Art versucht. Einmal ließ sich die Transpiration der Pflanze während des Versuchs durch je eine Wägung der Pflanze mitsamt Versuchsgefäß unmittelbar nach Beginn und kurz vor Beendigung des Atmungsversuchs bestimmen. Dann konnte aber auch die Wasseraufnahme der Wurzeln durch den Potometerversuch festgestellt werden. Einen unmittelbaren Maßstab für die innerhalb der Versuchszeit von der Wurzel in den Sproß übertretende Wassermenge bildet zwar weder die Transpirationsmessung noch die Ermittlung der Wasseraufnahme der Wurzeln mit Hilfe des Potometers. Doch kann man annehmen, daß bei annähernder Gleichheit der von der Pflanze aufgenommenen und abgegebenen Flüssigkeitsmenge auch die aus dem Wurzelsystem zum Sproß übertretende Wassermenge ungefähr denselben Betrag erreicht, da in diesem Falle Stauungen im Transpirationssystem und vor allem im Bereiche der Wurzeln kaum zu erwarten sind.

Die Transpirationsbestimmungen wurden auf einer technischen Wage ausgeführt, die bei der in Frage kommenden Belastung noch Gewichtsunterschiede von 10 mg deutlich erkennen ließ. Die Pflanzen mußten aus der Versuchsanordnung mitsamt dem Atmungsgefäß, dessen Öffnungen alle gut verschlossen waren, für einige Minuten herausgenommen und auf die Wage gestellt werden. Aus der Gewichtsabnahme des Versuchsgefäßes mit der Pflanze, die innerhalb des zwischen beiden Wägungen verstrichenen Zeitraums stattfand, ließ sich dann die stündliche Wasserabgabe der Versuchspflanzen errechnen.

Der Messung der Wasseraufnahme diente das folgende, wegen Anpassung an die Versuchsanordnung etwas von der gewöhnlichen Art abweichende Potometer. Eine Glaskapillare war durch den Kautschukstopfen des Atmungsgefäßes so tief in dieses eingeführt, daß ihr unteres Ende auf alle Fälle durch die bei den Sauerstoffversuchen noch unter dem Stopfen befindliche Ölschicht hindurch reichte und mit dem Wasser, in dem die Wurzeln untergetaucht waren, in offener Verbindung stand. Der aus dem Atmungsgefäß herausragende Teil dieser dickwandigen Glasröhre mit engem Lumen war rechtwinklig umgebogen und an sein Ende ein U-förmiges Meßglas mittels eines kurzen Gummischlauchs angeschlossen. Letzteres wurde vollständig mit Wasser gefüllt und an seinem freien Schenkel auf $1/10$ ccm geeicht. Über der Wasserfüllung befand sich in diesem Teil des Meßglases eine Paraffinölschicht, die einen Verlust von

Wasser durch Verdampfen verhindern sollte. Beim Füllen und Leeren des Versuchsgefäßes wurde auf diesen freien Schenkel des U-Rohres eine Kautschukkappe aufgesetzt. Dadurch ließ sich erreichen, daß die Flüssigkeit durch den im Atmungsgefäß dann herrschenden Überdruck nicht aus dem Manometer herausgedrückt wurde. Bei Beginn eines jeden Atmungsversuches galt es, das Potometer, nach Abnehmen der Kautschukkappe, wieder aufzufüllen. Dies geschah am vorteilhaftesten dadurch, daß man, nach dem Füllen des Versuchsgefäßes, noch einmal kurz die Verbindung zwischen letzterem und der Vorratswasserflasche herstellte. Unter Ausnutzung des hydrostatischen Drucks, unter dem dann das Wasser im Atmungsgefäß steht, konnte der Wasserspiegel im offenen Schenkel des U-Rohres auf den entsprechenden Anfangsteilstrich eingestellt werden. Die zum Leeren und Füllen des Gefäßes notwendigen, durch den Stopfen reichenden Glasröhren mußten dann während des Versuchs durch Hähne und kurze Kautschukschläuche mit Glasstäbchen vollkommen abgeschlossen werden. So konnte man dann die Wasseraufnahme der Pflanzen durch Beobachtung des Wasserspiegels im freien Schenkel des U-Rohres direkt ablesen.

In der Apparatur, die zur Feststellung der Kohlensäureabgabe der Wurzeln bestimmt war, mußte ein Luftstrom durch das Atmungsgefäß geschickt werden. Aus diesem Grunde konnte bei dieser Versuchsanordnung kein Potometer verwendet werden.

3. Feststellung der Sauerstoffaufnahme der Wurzeln.
Versuchsanordnung.

Zur Ermittlung der Größe der Sauerstoffaufnahme der untergetauchten Wurzeln wurden diese mitsamt dem Wasser, in dem sie sich befanden, in einem Versuchsgefäß abgeschlossen und die Abnahme der Sauerstoffkonzentration des Wassers während dieser Zeit festgestellt. Die aus dem Wasser verschwundene Sauerstoffmenge konnte der von der Pflanze durch die Wurzeln aufgenommenen gleichgesetzt werden.

Bei diesem Verfahren kommen zur Verwendung:
1. Ein Batterieglas von nahezu 1 Liter Inhalt. In ihm sind die Versuchsobjekte.
2. Ein zweites gleichartiges Gefäß. In dieses wird das Wasser aus dem eben erwähnten Versuchsgefäß abgefüllt und bis zur Analyse aufbewahrt.
3. Eine etwa 10 Liter fassende Vorratsflasche. Aus dieser ist das Versuchsgefäß bei Beginn eines jeden Versuchs wieder mit Wasser zu füllen.

Der Gang der Untersuchungen ist folgender:
1. Mit Beginn einer Versuchsreihe bringt man Wasser in das Batterieglas, das zur Aufnahme der Wurzeln bestimmt ist. Dann wird etwas Paraffinum liquidum aufgegossen, so daß eine 10—15 mm dicke Ölschicht das Wasser von dem Gasraum trennt, der bei der regelmäßigen Erneuerung des Wassers zwischen je zwei Versnuche entsteht. Beim

Eingießen der Flüssigkeiten muß darauf gachtet werden, daß der obere Ölspiegel nur so hoch zu stehen kommt, daß er nach dem Einbringen der Wurzel und Aufsetzen des Kautschukstopfens diesen nicht berührt. Diese Vorsichtsmaßregel ist notwendig, da die Kakaobuttermischung in der Regel nicht mehr dicht abschließt, wenn sie vor dem Erstarren, mit dem Paraffinöl in Berührung gekommen ist. Das Festwerden des Abdichtungsmittels dauerte $1/2$—1 Stunde. Daher konnte erst nach dieser Zeit mit den Versuchen angefangen werden.

Vor Beginn des ersten Versuches wird dann das Atmungsgefäß noch voll aufgefüllt und eine Erneuerung des Wassers vorgenommen. Nun bleiben die Wurzeln, je nach Versuchsdauer, 1—2 Stunden darin untergetaucht. Dann wird das Wasser wieder durch frisches ersetzt und der Sauerstoffgehalt des verbrauchten festgestellt. Aus der Differenz des ursprünglichen Sauerstoffgehalts des Wassers und desjenigen, den es nach dem Versuch aufweist, läßt sich die Sauerstoffaufnahme der Wurzel berechnen. Als Versuchszeit wurde der Zeitraum angenommen, der von einer Füllung des Versuchsgefäßes bis zur nächsten verstrichen war. Das Erneuern des Wassers dauerte 2—3 Minuten. Während dieser Zeit ist immer ein mehr oder minder großer Anteil des Wurzelsystems der Versuchspflanzen an der Sauerstoffaufnahme aus dem Wasser gehindert. Dadurch kann der Sauerstoffwert etwas geringer gefunden werden, als es für ununterbrochene Wasseratmung zutrifft. Da aber die Versuchszeit, von einigen, erwähnten, Ausnahmen abgesehen, mindestens 1 Stunde beträgt, wird der so entstehende Fehler kaum die bei biologischen Versuchen übliche Fehlergrenze von 5% erreichen.

Die Erneuerung des Wassers wird durch folgende Vorrichtungen ermöglicht. Eine lange, an ihrem oberen Ende rechtwinkelig gebogene Glasröhre reicht durch den Stopfen hindurch bis nahezu auf den Boden des Versuchsgefäßes. Eine kurze Glasröhre steckt nur so weit in dem Gummistopfen, daß ihr unteres Ende unmittelbar über dessen Innenfläche sich befindet. An dem aus dem Batterieglas herausragenden Teil dieses Glasrohrs ist ein Dreiwegehahn angeschmolzen. Das eine freie Ansatzrohr dieses Hahnes wird mit einer Hochdruckflasche verbunden, die Stickstoff enthält, das andere mit der freien Luft. Durch entsprechende Hahnstellung kann Stickstoffgas in das Versuchsgefäß eingeleitet werden. Dann wird das Wasser, nach vorheriger Verbindung des langen Rohres mit dem zweiten Batterieglas, in dieses verdrängt. Ist das Gefäß, in dem die Wurzeln sich befinden, leer, so verbindet man das lange Glasrohr mit der etwas höher stehenden Vorratswasserflasche. Jetzt strömt frisches Wasser ein und das Stickstoffgas kann, nach Umstellung des Dreiwegehahns, in die freie Luft entweichen.

Diese Art der Erneuerung des Wassers des Atmungsgefäßes zwischen je zwei Versuchen verhindert ein Eindringen von Luft in den Versuchsraum und macht so den Wurzeln eine Aufnahme von größeren Mengen von Sauerstoff aus dem bei der Abfüllung des Wassers entstehenden Gasraum unmöglich. Die Anwendung des Stickstoffs als Verdrängungsmittel macht aber eine weitere Vorsichtsmaßregel notwendig. Da die Sauerstoffaufnahme der Wurzeln aus der Abnahme des Sauerstoffgehalts des in dem Versuchsgefäß eingeschlossenen Wassers ermittelt wird, darf dieser während des Versuchs und beim Füllen und Leeren des Versuchsgefäßes durch Diffusion keine Änderung erleiden. Kommt das Wasser indessen bei seiner Erneuerung mit dem Stickstoff oder der Luft in Berührung, so ist diese Forderung natürlich unerfüllbar. Es wird daher, wie schon erwähnt, kurz vor dem Aufsetzen des Kautschukstopfens beim Beginn einer jeden Versuchsreihe eine Schicht Paraffinöl auf die Wasseroberfläche des schon nahezu gefüllten Versuchsgefäßes aufgegossen. Dieses hebt und senkt sich, je nach dem Stand des Wasserspiegels, und bildet so, auch während des Füllens und Leerens, des die Wurzel einschließenden Gefäßes, einen dauernden Abschluß des Wassers von dem darüber befindlichen Gasraum.

2. Durch Überführung des Wassers aus dem Versuchsgefäß in ein offenes, zweites Batterieglas wird nicht nur eine völlige Erneuerung des Atemwassers ermöglicht, sondern das verbrauchte Wasser, dessen Sauerstoffgehalt ja bestimmt werden muß, entsprechend durchmischt. Dieses letztere Ergebnis ist sehr wünschenswert, da zur Analyse nur Teilproben von etwa 170—180 ccm zur Verwendung kommen. Die Verbindung zwischen beiden Glasgefäßen wird einfach dadurch bewerkstelligt, daß man mittels eines kurzen Gummischlauches ein rechtwinkelig gebogenes Glasrohr anschließt, das bis an den Boden des die Probe aufnehmenden Glases reicht. Da das Wasser am Ende des Versuchs in der Regel eine bedeutend geringere Sauerstoffdichte aufweist als bei Luftsättigung, muß auch in diesem Gefäß der Paraffinölabschluß angewendet werden. Es wird daher kurz vor dem Abfüllen des verbrauchten Wassers eine entsprechende Menge Öl in das offene Batterieglas gegossen.

Nach Beendigung des Leerens wird die Glasröhre von dem Ausflußrohr des Versuchsgefäßes wieder abgenommen und durch ein Rohr ersetzt, durch das frisches Wasser aus der Vorratsflasche abgelassen werden kann. Nach Durchführung der Abfüllung wird schließlich ein Glasstab an Stelle dieses Rohres gesetzt und so der notwendige Abschluß gegenüber der Außenluft erreicht.

3. Die Wasservorratsflasche ist mit einem Thermometer versehen, das $1/10^0$-Einteilung aufweist und über Temperaturänderungen in dem zu Versuchen verwendeten Wasser genau Aufschluß gibt. Ebenso ist auch in unmittelbarer Nähe des Versuchsgefäßes ein gleiches Thermometer angebracht. Eine genaue Nachprüfung der Temperaturverhältnisse ist deshalb notwendig, weil die Löslichkeit des Sauerstoffs in Wasser stark von dem jeweiligen Wärmegrad der Flüssigkeit abhängig ist. Es zeigte sich indessen, daß die Temperaturschwankungen von einigen $1/10^0$, die im Verlaufe eines Arbeitstages beobachtet wurden, innerhalb dieses Zeitraums keinen merklichen Einfluß auf die Sauerstoffkonzentration des Wassers ausübte.

Die *Berechnung der Sauerstoffaufnahme* der Wurzeln wird in der Weise vorgenommen, daß man die Sauerstoffdichte des Wassers der Vorratsflasche nach der WINKLERschen Methode bestimmt und zugleich auch auf gleiche Weise diejenige des verbrauchten Atemwassers, das unter der

Ölschicht in dem offenen Batterieglas aufgefangen wurde. Aus der Abnahme der Konzentration des Sauerstoffs, die während des Versuches stattfindet, kann der Sauerstoffverlust des Atemwassers, also die von den Wurzeln aufgenommene Sauerstoffmenge, ermittelt werden, wenn das Volumen bekannt ist, das das Wasser im Versuchsgefäß einnimmt. Die Dichteabnahme des Wassers (auf den Kubikzentimeter berechnet) multipliziert mit dem Volumen des im Versuchsgefäß vorhandenen Wassers (angegeben in Kubikzentimetern) ergibt den Gesamtsauerstoffverlust des Wassers (in Kubikzentimetern).

Neben der Ermittlung der Abnahme der Sauerstoffkonzentration muß also auch noch das Volumen festgestellt werden, das das Atemwasser jeweils in dem Versuchsgefäß einnimmt. Dies geschieht in folgender Weise: Bei der ersten Erneuerung des Wassers des Atmungsgefäßes, die vor dem ersten Versuch einer Versuchsreihe vorgenommen wird, braucht der Sauerstoffgehalt des verdrängten Wassers nicht ermittelt zu werden. Man fängt daher das Wasser ohne Zugabe von Öl auf und stellt sein Volumen im Meßglas genau fest. Die so ermittelte Wassermenge ist der bei dem jeweiligen Wasserwechsel zu gebenden gleich zu setzen und stellt somit auch ein Maß für den im Versuchsgefäß vom Atemwasser eingenommenen Raum dar.

Freilich ist bei dieser Feststellung des Versuchsvolumens zu beachten, daß eine völlige Verdrängung des Wassers aus dem Versuchsgefäß nicht möglich ist. Beim Leeren bleibt aus hydrostatischen Gründen stets eine mehrere Millimeter hohe Schicht Wasser auf seinem Boden zurück. Das Ende des Abzugsrohres darf ja, um noch Wasser durchzulassen, letzteren nicht vollständig berühren. Auch kann man nicht warten bis das Abzugsrohr ganz mit dem nachströmenden Öl gefüllt ist, da bereits von den letzten abfließenden Kubikzentimetern Wasser Ölkügelchen mitgerissen werden. So bleibt stets eine annähernd gleiche Menge Wasser zurück, die aber einen bestimmten Sauerstoffgehalt besitzt, der geringer ist, als der des zugegebenen Wassers. Es nimmt also das „Restwasser" etwas Sauerstoff aus dem frisch zugegebenen auf, bis es die gleiche Sauerstoffdichte, wie das erneuerte Atemwasser, besitzt, und umgekehrt verliert dabei letzteres die gleiche Menge Sauerstoff. Der durch diesen Diffusionsvorgang entstehende Fehler wird indessen im Verlauf des Versuchs wieder mehr oder minder ausgeglichen, da ja durch die Atemtätigkeit der Wurzeln die Konzentration des Atemwassers sich wieder der ursprünglichen nähert. Der so entstehende Fehler beträgt daher im ungünstigsten Fall nur einige $1/100$ ccm.

Die abgefüllten Wasserproben wurden in dem offenen Batterieglas unter der Ölschicht nie lange stehen gelassen, sondern meist nach wenigen Minuten schon mittels eines Saughebers in die zur Analyse bestimmten Probefläschchen von etwa 170—180 ccm übergeführt. *Die Sauer-*

stoffbestimmung selbst wurde nach der im Lehrbuch der analytischen Chemie von TREADWELL gegebenen Arbeitsvorschrift für die WINKLERsche Methode ausgeführt. Indessen wurde beim Füllen der Probeflaschen, die das von den Wurzeln verbrauchte, also nicht mehr luftgesättigte Wasser aufzunehmen hatten, von einem längeren Durchlaufenlassen der Flüssigkeit abgesehen. Bei dem mäßigen Sättigungsdefizit, das bei den angewendeten Proben vorhanden war, kommt ein merklicher Fehler durch Einwirkung von Luft überhaupt nicht zustande. Dies geht aus folgender Untersuchung hervor:

Stickstoffgas wurde längere Zeit durch eine große, mit 10 l Wasser gefüllte, Glasflasche durchgeleitet. Der Sauerstoffgehalt des in der Flasche enthaltenen Wassers ging dadurch um etwa 25% unter den bei Luftsättigung für seine Temperatur zutreffenden herab. Dieses Wasser wurde nun abwechslungsweise auf zweierlei Art in eine Reihe von Probefläschchen abgefüllt. Einmal wurde das Wasser 3—4 Minuten lang in kräftigem Strom durch ein solches durchgeleitet, und das andere Mal wurde es nur durch eine bis zum Boden des Fläschchens reichende Glasröhre abgefüllt und kurze Zeit überlaufen lassen. Die Ermittlung der Sauerstoffkonzentration ergab nach beiden Methoden gleiche Beträge, wie Tabelle 1 zeigt:

Tabelle 1. Sauerstoffgehalt des Wassers in den Probefläschchen.

1. Nach längerem Durchfließen:	2. Nach kurzem Überlaufen:
Fläschchen 1: 5,50 ccm/l	Fläschchen 2: 5,51 ccm/l
„ 3: 5,55 „	„ 4: 5,53 „
„ 5: 5,51 „	„ 6: 5,53 „
Mittelwert 5,52	Mittelwert 5,52
Sauerstoffabnahme: 1,40 ccm	Sauerstoffabnahme: 1,40 ccm

Sämtliche Ergebnisse dieser Versuchsreihe zeigen nur geringe Abweichungen. Ein Unterschied in den Mittelwerten der beiden Analysenreihen ist bis zur 3. Stelle überhaupt nicht zu ersehen. Die hier angegebene Abweichung von der Vorschrift hat also keinen merklichen Einfluß auf die Genauigkeit der Analysenergebnisse.

Versuche über Fehlerquellen.

Gegen Anwendung des Paraffinöls als beweglichen Abdichtungsmittels konnten Bedenken vorgebracht werden. Es ist möglich, daß diese Flüssigkeit nach der Erneuerung des Wassers noch an der Oberfläche der Wurzel festhaftet und den Gasaustausch zwischen den Versuchsobjekten und diesem wesentlich behindert. Auch kann das Paraffinöl physiologische Störungen zur Folge haben, die die Atmung gegenüber normalen Verhältnissen verändern. Ehe daher zu den eigentlichen Versuchen übergegangen wurde, sollte auch in dieser Richtung noch etwas Aufklärung geschaffen werden.

Die Wurzeln der Versuchspflanze (*Sonchus oleraceus* 1 und 2) wurden in das nahezu mit luftgesättigtem Wasser gefüllte Versuchsgefäß eingebracht, jedoch der Kautschukstopfen noch nicht sogleich eingedrückt, sondern durch einen schmalen Spalt zwischen Stopfen und Glasrand noch das notwendige Öl zugegeben. Auf diese Weise konnte verhindert werden, daß die Wurzeln schon beim Einbringen in das Versuchsgefäß mit dem Öl in Berührung kamen. Es wurde dann bereits das bei der ersten Leerung verdrängte Wasser auf seinen Sauerstoffverlust hin untersucht, die Erfassung des Versuchsraums dagegen erst nach Beendigung der Versuchsreihen in der gewöhnlichen Weise vorgenommen. Die in je drei aufeinander folgenden Versuchen festgestellte Sauerstoffaufnahme der Wurzeln ist in Tabelle 2 zusammengestellt.

Tabelle 2.

Versuch Nr.	Ergebnisse bei			
	Pflanze 1		Pflanze 2	
	Versuchszeit	Stündl. Sauerstoffaufn. in ccm	Versuchszeit	Stündl. Sauerstoffaufn. in ccm
1	9.05—10.35	0,16	9.30—11.00	0,21
2	10.35—12.05	0,16	11.00—12.30	0,20
3	12.05—13.35	0,17	12.30—14.00	0,21

Die Außenbedingungen blieben während des ganzen Tages ziemlich gleich: Temperatur des Versuchsraums: 15,8—16,7°. Psychrometerdifferenz: 3,4—3,8°. — Schwache Deckenbeleuchtung.

Versuch Nr. 1 stellt jeweils die Sauerstoffaufnahme dar, die erfolgte, ehe der Hauptteil des Wurzelsystems mit dem Paraffinöl in Berührung gekommen war. Aus der Tabelle geht hervor, daß die bei Erneuerung des Atemwassers etwa noch haftenbleibenden Ölteilchen die Atmung nicht wesentlich beeinträchtigen, denn das erste Ergebnis jeder Versuchsreihe weicht nicht merklich von den beiden folgenden ab.

Die Versuche wurden am folgenden Tage mit den gleichen Versuchspflanzen nochmals durchgeführt. Diese waren über Nacht so aufbewahrt worden, daß ihre Wurzeln sich in einer flachen Schale, in Wasser untergetaucht, befanden.

Tabelle 3.

Versuch Nr.	Ergebnisse bei			
	Pflanze 1		Pflanze 2	
	Versuchszeit	Stündl. Sauerstoffaufn. in ccm	Versuchszeit	Stündl. Sauerstoffaufn. in ccm
1	9.25—10.55	0,16	9.00—10.30	0,18
2	10.55—12.25	0,17	10.30—12.00	0,19
3	12.25—13.55	0,17	12.00—13.30	0,19

Temperatur-, Luftfeuchtigkeits- und Lichtverhältnisse waren ungefähr die gleichen wie am Vortage.

Die Tatsache, daß die Sauerstoffaufnahme selbst am zweiten Versuchstage noch kaum geändert ist, macht es wahrscheinlich, daß das Abdichtungsmittel auch keine schädliche physiologische Wirkung hat. Innerhalb des Beobachtungszeitraums von nahezu $1^1/_2$ Tagen ist eine solche jedenfalls nicht festzustellen.

Infolge der vielen Handgriffe, die während der Ausführung einer Versuchreihe nötig waren, konnte nicht immer für jedes einzelne Experiment genau die gleiche Zeit eingehalten werden. Die Abweichungen der Dauer der Versuche betrug manchmal bis zu 10%. Bei jedem Versuch nimmt nun die Konzentration des Sauerstoffs infolge der Atmungstätigkeit der Wurzeln stark ab. Es ist aber möglich, daß bei untergetauchten Wurzeln die Sauerstoffdichte bereits als begrenzender Faktor auftritt. Da nun in diesem Falle die Atmungsintensität der Pflanze vermutlich stark von der Sauerstoffdichte der Umgebung abhängig ist, kann im Laufe des Versuchs die Größe der Sauerstoffaufnahme sich nicht völlig gleich bleiben, sondern muß als Funktion der Sauerstoffkonzentration sich ebenfalls verändern. Der Sauerstoffverbrauch der Wurzel ist somit nicht proportional der Zeit, sondern bei länger dauernden Versuchen vermutlich, auf die Zeiteinheit bezogen, geringer als bei solchen von kürzerer Dauer. Um die Größe des durch Ausdehnung der Experimente auf verschieden lange Zeit entstehenden Fehlers zu ermitteln, wurden zwei Pflanzen in stufenweise abgekürzten oder verlängerten Versuchen auf ihre Sauerstoffaufnahme hin geprüft (Tabelle 4 und 5).

Tabelle 4. Pflanze 3. — *Sonchus oleraceus*. — Temperatur: 17—18⁰.
Psychrometerdifferenz: 1,8—1,9⁰. — Deckenbeleuchtung.

Versuchsdauer:	120	60	31	30	60	120 Minuten
Stündl. O_2-Wert:	0,26	0,37	0,41	0,41	0,35	0,27 ccm

Tabelle 5. Pflanze 4. — *Sonchus oleraceus*. — Temperatur: 17—18⁰.
Psychrometerdifferenz: 1,8—1,9⁰. — Deckenbeleuchtung.

Versuchsdauer:	15	30	59	121	121	64	30	16 Minuten
Stündl. O_2-Wert:	1,80	1,50	1,23	1,12	1,09	1,29	1,48	1,99 ccm

Um möglichst verschiedene Konzentrationsabnahme bei den Versuchen zu erhalten, waren absichtlich Pflanzen mit ungleich starker Entwicklung des Wurzelsystems verwendet worden. Aus den angegebenen Zahlen ist ohne weiteres der große Einfluß der Versuchsdauer auf das Versuchsergebnis zu erkennen.

In Tabelle 6 und 7 ist die für jeweils gleiche Versuchszeiten zutreffende mittlere Sauerstoffabnahme errechnet und in Hundertstel der Anfangskonzentration angegeben.

Ein Vergleich der für jede Pflanze in gleichen Versuchszeiten angegebenen Mittelwerte mit der entsprechenden anteilmäßigen Sauerstoffabnahme zeigt, daß, abgesehen von den wegen der geringen Differenz

Tabelle 6. Pflanze 3.

Versuchszeit	30	60	120	Minuten
Mittlere Sauerstoffabnahme	4	6,8	10%	
Sauerstoffmittelwert	0,41	0,36	0,26	ccm
Abweichung vom folgenden Wert		13,9%	36,5%	
Abweichung vom vorhergehenden Wert		12,2%	26,4%	

Tabelle 7. Pflanze 4.

Versuchszeit	15	30	59—64	121 Minuten
Mittlere Sauerstoffabnahme	8,3	13,7	23,1	40,7%
Sauerstoffmittelwert	1,90	1,49	1,26	1,11 ccm
Abweichung vom folgenden Wert		27,5	12,8	13,5%
Abweichung vom vorhergehenden Wert	21,6	15	11,9%	

der Anfangs- und Endwerte der Sauerstoffkonzentration von 4% etwas unsicheren Halbstundenwerten bei Pflanze 3 die Abweichung der ermittelten Sauerstoffwerte untereinander bei stärkerer Dichteabnahme geringer wird. Bei einer Sauerstoffabnahme von 20—30% bedeutet eine Abweichung in der Versuchszeit durch eine Verlängerung der Versuchsdauer um 100% einen Fehler von etwa 14%, durch eine Verkürzung um 50% einen Fehler von etwa 15%. Bei allen Untersuchungen über Sauerstoffaufnahme wurde daher später die Versuchszeit so gewählt, daß die Abnahme der Dichte dieses Gases etwa 20—30% des Anfangswertes ausmachte. Man konnte so sicher sein, daß bei den unvermeidlichen Abweichungen der Versuchsdauer bis zu 10% ein Fehler, der über einige Prozent hinausging, ausgeschlossen war.

4. Ermittlung der Kohlensäureabgabe der Wurzeln.
Versuchsanordnung.

Zur Feststellung der bei der Atmung untergetauchter Wurzeln abgegebenen Kohlensäure hatte sich eine Abart der PETTENKOFERschen Methode als geeignet erwiesen. Ein kohlensäurefreier Luftstrom wird durch das gut abgeschlossene, mit Wasser gefüllte, Versuchsgefäß geleitet und die dabei aus demselben mitgenommene Kohlensäure in WALTERschen Gaswaschflachen absorbiert. Nach Beendigung des Versuchs wird das Wasser, in dem die Wurzeln atmeten, in ein anderes, gut verschließbares Gefäß gebracht und der Rest der Kohlensäure noch durch weiteres Durchleiten von kohlendioxydfreier Luft ausgetrieben.

Bei diesem Verfahren ist somit zunächst eine Apparatur nötig, die gestattet, während des Versuchs Luft durch das Gefäß zu leiten, in dem die Wurzeln untersucht werden, und die von dem so entstehenden Luftstrom entführte Kohlensäuremenge genau zu ermitteln. Diese Apparatur besteht aus

1. einer Anlage, die der Entfernung von Kohlensäure aus dem Luftstrom dient,
2. dem eigentlichen Versuchsgefäß, in dem die Wurzeln untergebracht werden,
3. einer Vorrichtung, die die Absorption der von den Wurzeln abgegebenen Kohlensäure ermöglicht,
4. einer weiteren Vorrichtung, die eine Überführung des Wassers aus dem Versuchsgefäß in Probeflaschen zuläßt.

Dazu kommt noch eine Apparatur, mit deren Hilfe der Kohlensäuregehalt des von der Pflanze abgetrennten Wassers bestimmt werden kann.

1. Bei ihrem Wege gelangt die Luft zunächst aus einer gut verschlossenen Flasche, aus der sie durch Barytwasser verdrängt wird, vermutlich schon ziemlich kohlendioxydfrei in eine Waschflasche, die mit Kalilauge gefüllt ist. Hier wird das noch vorhandene Kohlensäuregas aus dem Luftstrom absorbiert. Zur Entfernung der letzten Spuren von Kohlensäure aus der zum Versuchsgefäß weitergeleiteten Luft dienen weite Glasröhren, die mit laugehaltigen Bimssteinstücken gefüllt sind. Ehe die Luft dann in das Glasgefäß eintritt, in dem die Wurzeln sich befinden, wird sie auch noch in einer Chlorkalziumröhre getrocknet. Eine Befreiung der Luft von Wasserdampf ist wegen der mit den Atmungsversuchen teilweise verbundenen Transpirationsmessungen notwendig.

2. Als Versuchsgefäß dient ein zylindrisches Becherglas, das in der schon geschilderten Art mit Kautschuk und Kakaobutter abgeschlossen wird. Es ist bis dicht unter die untere Randfläche des Kautschukstopfens mit Wasser gefüllt. Da der in das Versuchsgefäß ragende Stengelteil mit einer Schicht des Abdichtungsmittels noch überzogen ist, kann die austretende Luft nur Kohlensäure mit sich führen, die vom Wurzelsytem herstammt. Die Durchleitung der Luft durch das Wasser ermöglicht eine lange Glasröhre, die durch den Stopfen führt. Sie reicht bis dicht an den Boden des Atmungsgefäßes und ist am unteren Ende etwas gebogen und verengt, so daß ein ziemlich regelmäßiger Bläschenstrom aus demselben austritt. Durch ein kurzes Glasrohr, das nicht weiter in das Versuchsgefäß ragt, sondern mit der Innenfläche des Kautschukstopfens abschließt, gelangt die Luft nochmals in ein Chlorkalziumrohr. Dieses Trockenrohr bleibt bei Wägungen des Versuchsgefäßes mit der Pflanze, die zur Ermittlung der Transpiration vorgenommen werden, stets mit dem letzteren in Verbindung und macht so den Gewichtsverlust, der durch Entführung von Wasser durch den Luftstrom entsteht, wieder wett.

3. Ein anschließendes Rohr führt dann schließlich die Luft in die WALTERsche Gaswaschflasche, die mit 250 ccm titriertem, ungefähr $1/_{20}$ N-Barytwasser gefüllt ist, und in der das mitgeführte Kohlensäuregas zurückgehalten wird. Die Ableitungsröhre der WALTERschen Flasche ist noch mit einer gewöhnlichen Waschflasche verbunden, die ebenfalls Barytwasser enthält. So wird ein Zurückströmen von Kohlensäuregas aus der Luft verhindert.

Die Aufnahme des Kohlendioxyds in diesen Absorptionsgefäßen war bei der in Frage kommenden Atmungsstärke vollständig, wie ein zweites, öfter hinter das erste geschaltetes Kontrollgefäß zeigte. Die Titeränderung ging dann in dieser Kontrollflasche nicht über 0,06 ccm CO_2 hinaus und war bald positiv und bald negativ.

4. Nach Beendigung des Experiments wird das Wasser auf folgende Weise aus dem Versuchsgefäß in eine Rollflasche mit Kautschukverschluß übergeführt: Die kurze Glasröhre, durch die bisher die Luft aus dem Versuchsgefäß austrat, wird durch Drehung eines Dreiwegehahnes mit einer Zuleitung für Stickstoffgas verbunden. Eine weitere, lange Glasröhre ist noch durch den Kautschukstopfen geführt und war während des Versuchs durch ein kurzes Schlauchstück, in dem ein Glasstab steckte, gut verschlossen. Dieser Stab wird nun durch ein Glasrohr ersetzt, das durch den Verschlußpfropfen der Rollflasche bis auf deren Grund reicht. Der Pfropfen besitzt noch eine zweite Bohrung mit kurzem, knieförmig gebogenem Rohr. Nach Öffnen des Ventils der Stickstoffvorratsflasche wird dann das Wasser durch die lange Glasröhre nahezu vollständig in die Rollflasche verdrängt. Diese ist am Anfang mit kohlensäurefreier Luft gefüllt, die aber kurz vor Öffnung des Stickstoffventils durch das kurze Glasrohr mit der Außenluft verbunden wird und somit unter dem Druck des einströmenden Wassers entweicht.

Sofort nach Leerung des Versuchsgefäßes wird dieses wieder mit frischem Wasser aus einer entsprechend aufgestellten Vorratsflasche gefüllt. Die lange Glasröhre, durch die das Wasser eben aus dem Atemgefäß ausströmte, wird jetzt an das Ausflußrohr der Vorratswasserflasche angeschlossen. Die kurze Glasröhre wird dann durch Unterbrechung der Stickstoffleitung mit der Luft in Verbindung gesetzt. Der Zeitpunkt des Füllens bedeutet den Beginn eines neuen Versuchs. Sobald der Wasserspiegel die entsprechende Höhe erreicht hat, werden die Schlauchverbindung und die Hahnstellung so umgeändert, daß wieder Luft durch das Versuchsgefäß strömt. Inzwischen sind auch die WALTERschen Flaschen ausgetauscht worden.

Weiteres Durchleiten von kohlensäurefreier Luft durch das nunmehr von der Pflanze getrennte Wasser ermöglicht ein nahezu vollständiges Erfassen auch der während des Versuchs nicht abgeführten Kohlensäure.

Es zeigte sich, daß durch Ansäuern des Wassers mit 1 ccm 20%iger Phosphorsäure dieses Austreiben der Restkohlensäure beschleunigt werden kann. Das auf diese Weise noch aus dem Wasser entführte Kohlensäuregas wurde in der gleichen Barytwasserprobe absorbiert, die auch im Verlaufe des Atmungsversuchs in die Versuchsanordnung eingeschaltet war. Aus der Titeränderung der Lauge kann so die gesamte dem Wasser entzogene Kohlensäure ermittelt werden.

Bevor der Luftstrom in die Probeflasche eintrat, wurde er auf die gleiche Art von Kohlensäuregas befreit, wie vor dem Durchleiten durch das Atmungsgefäß.

Bei der Analyse wurde im übrigen nach der PETTENKOFERschen Methode verfahren: Der Inhalt der Absorptionsgefäße wurde in Flaschen mit eingeschliffenem Stöpsel gegossen, und alsbald wurden Proben von je 50 ccm daraus mit der Pipette entnommen und unter Zugabe von Phenolphthalein mit 1/40 N Salzsäure titriert.

Versuche über Fehlerquellen.

Eine Fehlerquelle ist bei dieser Art der Bestimmung der Kohlensäureabgabe untergetauchter Pflanzenwurzeln zu beachten: Das zur Füllung des Versuchsgefäßes verwendete destillierte Wasser hatte einen bestimmten, wenn auch sehr geringen Kohlensäuregehalt. Dieser blieb indessen, selbst längere Zeit hindurch, ziemlich gleich und betrug etwa 0,9 ccm/l. Er wurde bei Beginn jeder Versuchsreihe nachgeprüft und in Anrechnung gebracht. Auch in diesem Falle wurde die Kohlensäuredichte des Wassers nach der PETTENKOFERschen Methode ermittelt.

Die aus den Trockenröhren in die Absorptionsflaschen übertretende Luft war ziemlich frei von Wasserdampf. Sie entführte aus diesen aber eine Menge Wasser, die dem Dampfdruck der Lauge entsprach. Die dadurch hervorgerufene Titerveränderung des Barytwassers blieb jedoch, wie wiederholte Nachprüfungen zeigten, innerhalb der bei der Analyse vorhandenen Fehlergrenze von 0,06 ccm. Auch der ursprüngliche Titer der Lauge wurde während eines Arbeitstages wiederholt nachgeprüft. Seine Änderung blieb innerhalb dieser Zeit in der Regel unter 0,1%, wenn das Barytwasser am vorhergehenden Tage in der Vorratsflasche öfter durchgeschüttelt war. Im übrigen erfolgte die Abfüllung des Barytwassers unter Nachtreten von kohlensäurefreier Luft (TREADWELL, Lehrbuch der analytischen Chemie 2, 480, Abb. 88).

Trotz sorgfältiger Beachtung dieser Fehlerquellen kamen bei Versuchen, die unter gleichen Außenbedingungen mit ein und derselben Pflanze und in der gleichen Versuchsanordnung durchgeführt wurden, immer noch sehr bedeutende Abweichungen der Einzelwerte für Kohlensäure untereinander vor. Dies zeigt nebenstehende Tabelle 8.

Zwei Pflanzen waren in je einer Versuchsanordnung in der geschilderten Weise auf die Kohlensäureabgabe ihres gesamten Wurzelsystems hin untersucht worden. Temperatur und Luftfeuchtigkeit blieben sich während der ganzen

Tabelle 8. Temperatur: 18—20°. Psychrometerdifferenz: 3,2—4,0°
(= 74—66% relative Feuchtigkeit). Schwache Deckenbeleuchtung.
Versuchspflanzen: *Zea Mays* 5 und 6.

Versuch Nr.	Pflanze 5		Pflanze 6	
	Versuchszeit	stündl. Kohlensäureabgabe in ccm	Versuchszeit	stündl. Kohlensäureabgabe in ccm
1	8.55—11.20	0,72	9.10—11.35	0,88
2	11.20—13.50	0,71	11.35—14.02	0,86
3	13.50—16.23	0,63	14.02—16.35	0,74
4	16.23—18.50	0,76	16.36—19.03	0,84
5	18.50—21.20	0,69	19.03—21.30	0,72
Mittelwert		0,70 ccm		0,81 ccm
Größte Abweich. vom Mittelwert		10%		11%

Arbeitszeit ziemlich gleich, eine etwaige störende Einwirkung der Assimilation der Kohlensäure war durch Ausführung der Versuche bei gleichmäßiger, schwacher Deckenbeleuchtung ausgeschaltet. Obwohl diese Vorsichtsmaßregeln getroffen waren, traten immer noch bedeutende Schwankungen in den Einzelergebnissen auf.

Die Ursache dieser Abweichungen wurde zunächst darin gesucht, daß ein zweistündiges Durchleiten von Luft vielleicht nicht genügt, um die Kohlensäure vollständig aus dem angesäuerten, von der Pflanze getrennten Wasserproben zu verdrängen. Eine Nachprüfung dieser Art des Austreibens der Kohlensäure gab jedoch zu erkennen, daß bei den in Frage kommenden Konzentrationen nach zweistündiger Durchlüftung so gut wie keine Kohlensäure mehr zurückbleibt. Zwei Flaschen von der Größe derer, die in der Versuchsanordnung zur Aufnahme des verbrauchten Atemwassers dienten, wurden mit destilliertem Wasser gefüllt, in das etwas Kohlensäuregas eingeleitet war. Die so gewonnenen Wasserproben wurden nun in der gleichen Weise, wie sonst das von der Pflanze getrennte Wasser, mit Phosphorsäure angesäuert und ihre stündliche Kohlensäureabgabe weiterhin nach der beschriebenen Methode verfolgt. 2 Stunden nach Zugabe der Phosphorsäure waren bei Versuchsanordnung I 98%, bei Versuchsanordnung II 96% von insgesamt ausgetriebenen Kohlendioxydmenge von je 1,06 ccm aufgefangen worden. Wenn man bedenkt, daß nach Trennung des Wassers von der Pflanze nur ein Bruchteil der vom Objekte abgegebenen Gesamtkohlensäuremenge noch verhanden ist, da ein großer Teil davon schon während des Versuches durch den Lüftungsstrom entführt wird, so wird man einsehen, daß die nach zweistündigem Durchleiten von kohlensäurefreier Luft noch im Wasser zurückbleibende Kohlensäure kaum mehr als einige Prozent der gefundenen Werte für Atmungskohlensäure ausmacht. Die Überführung der Kohlensäure aus dem Atemwasser in die WALTERschen Flaschen dürfte somit praktisch vollständig sein.

5. Transpiration und Wurzelatmung.

Eine der Hauptfunktionen des Wurzelsystems liegt in der Sicherstellung der Wasserversorgung der Pflanze. Da die unterirdischen Organe kaum Wasser an ihre Umgebung abgeben, so wird der Wasserbedarf der Gewächse hauptsächlich durch den Sproß bestimmt. Wenn die Wasseraufnahme der Wurzeln hinreichend ermöglicht ist, kann, bei lebhafter Transpiration der oberirdischen Pflanzenteile, der aufsteigende

Saftstrom weitaus die bedeutendste Massenverschiebung innerhalb des pflanzlichen Organismus darstellen. In dieser Erscheinung tritt am deutlichsten der physiologische Zusammenhang des unterirdischen Organs mit den grünen Teilen der Pflanze hervor.

Durch den aus der Wurzel zum Sproß übertretenden Wasserstrom können bedeutende Mengen von Atmungskohlensäure in Lösung entführt und dem Gasaustausch des Wurzelsystems mit der Außenwelt entzogen werden. Auch könnte man daran denken, daß der Transpirationsstrom bei der Kohlensäureabfuhr und Sauerstoffzufuhr in den von dieser Strömung durchflossenen Geweben eine Rolle spielt und eine Erhöhung der Atmungsintensität ihrer Zellen zur Folge hat. Schließlich kommt dem aus der Wurzel aufsteigenden Wasserstrom auch noch eine indirekte Bedeutung zu. Er ermöglicht den Transport der von der Wurzel in Form von Nährsalzen aufgenommenen lebenswichtigen Elemente zu den übrigen Teilen der Pflanze und kann so auf den gesamten Stoffwechsel und damit auch auf die Atmung der Wurzeln einen anregenden Einfluß ausüben.

Ein Versuch, die Richtigkeit dieser Gedankengänge durch entsprechende Experimente nachzuprüfen, ist von CERIGHELLI unternommen worden. In der schon kurz beschriebenen Versuchsanordnung untersuchte er ein Exemplar von *Malva silvestris*. Am ersten Versuchstage wurde der Sproß nicht weiter geschützt, sondern der gewöhnlichen Zimmerluft ausgesetzt. Die Transpiration war so lebhaft, daß die Pflanze schließlich Verwelkungserscheinungen zeigte. An den beiden folgenden Tagen war die Wasserabgabe der oberirdischen Teile der Pflanze durch eine Glasglocke gehemmt. Diese Versuche wurden mit einer Bohnenpflanze in ähnlicher Weise wiederholt. Auf Grund der Untersuchung der aus dem Bimssteinboden entnommenen Luftproben stellte CERIGHELLI fest, daß infolge der Wirkung des Transpirationsstroms der Atmungsquotient der Wurzeln erniedrigt werde, die Aufnahme des Sauerstoffs durch sie aber eine ganz bedeutende Erhöhung erfahre. Die Erniedrigung des Atmungsquotienten erklärte CERIGHELLI dadurch, daß durch den in der Pflanze aufsteigenden Wasserstrom ein Teil der Atmungskohlensäure entführt werde und so die sonst für normale Atmung erwartete Volumengleichheit in der Aufnahme des Sauerstoffs und Abgabe der Kohlensäure in der Zeiteinheit nicht vorhanden sei. Wenn diese Erklärung richtig ist, so muß man annehmen, daß die beobachtete Erniedrigung des Verhältnisses $CO_2 : O_2$ auf eine Herabsetzung der Kohlensäureabgabe der Wurzeln an den Boden zurückzuführen ist. Es wurde aber nur eine Erhöhung der Sauerstoffaufnahme der Wurzeln aus dem Boden festgestellt. Diese Tatsache ist nicht ohne weiteres mit einer Entführung von Kohlensäure aus der Wurzel zum Sproß in Zusammenhang zu bringen.

Gegen die Arbeitsweise CERIGHELLIS können, wie schon ausgeführt, Bedenken vorgebracht werden. Es wurde nun versucht, den Einfluß des Transpirationsstromes der Pflanze auf die Atmung der Wurzel an untergetauchten Objekten unter Anwendung der ausführlich geschilderten Untersuchungsmethoden eingehender nachzuprüfen. Alle diese Versuche wurden bei gleichmäßiger, schwacher Deckenbeleuchtung ausgeführt und die Temperatur des Arbeitsraums innerhalb eines Grades konstant gehalten. Eine störende Einwirkung von Assimilation der Kohlensäure und von Temperaturveränderungen war somit ausgeschlossen.

Die Versuchspflanzen kamen jeweils an dem Abend, der der Durchführung der Untersuchung voraus ging, in den Arbeitsraum. Ihr Wurzelsystem wurde von Erde gereinigt und in eine flache Schale, die mit Wasser gefüllt war, gebracht. Diese Vorbereitungen fanden absichtlich mehrere Stunden vor Beginn der Versuche statt. Dadurch sollte eine Angleichung der Lebenserscheinungen der Pflanzen an die konstanten Verhältnisse des Arbeitsraumes innerhalb dieser Zeit erreicht werden.

Die Apparatur war so ausgebaut, daß sie eine willkürliche Veränderung der Transpiration der Pflanzen gestattete. Es wurde dies durch eine heb- und versenkbare Glasglocke erreicht. Dieser Glassturz war an einer Schnur befestigt, die nach Art eines Aufzugs über zwei feste Rollen lief und am freien Ende ein Gegengewicht trug. Die ganze Vorrichtung war so aufgestellt, daß die herabgelassene Glocke die aus dem Atmungsgefäß herausragenden grünen Pflanzenteile überdeckte. Sie lag auf einer Zinkblechscheibe auf, die mit einem Schlitz versehen war, der vom Rande der Scheibe bis zum Mittelpunkt reichte. Das Versuchsgefäß, das die Wurzeln enthielt, konnte somit derart unter die auf zwei Holzbügeln liegende Scheibe gestellt werden, daß der weitaus größte Teil des Stengels und die gesamten Blätter unter den Glassturz kamen, sobald er herabgelassen war. Die Wände der Glocke wurden mittels eines feinen Zerstäubers angefeuchtet und so für Erhaltung einer wasserdampfgesättigten Atmosphäre gesorgt.

Vergleichsweise wurden dann die Pflanzen auch in einer Versuchsanordnung untergebracht, bei der der Sproß nicht unter der Glocke war, sondern sich in dem freien Raum des Arbeitszimmers befand, so daß große Transpiration und Wasseraufnahme erreicht werden konnten. Da das Zimmer stark geheizt war, blieb die Luftfeuchtigkeit in ihm gering. Dies konnte leicht nachgeprüft werden: In der Höhe der stärksten Blattentwicklung der Pflanze war, unmittelbar in deren Nähe, ein Psychrometer aufgehängt. Ein zweites war an entsprechender Stelle mittels Gummihaftscheiben an der Wand der Glasglocke in der anderen Versuchsanordnung untergebracht.

Die Versuche wurden nun in der folgenden Art durchgeführt: Von zwei Pflanzen kam die eine in die mit Glocke versehene Apparatur, die andere gleichzeitig in die Versuchanordnung, bei der die Wasserabgabe der Versuchspflanzen ungehemmt war. In der schon geschilderten Weise wurden dann die Kohlensäureabgabe und die Sauerstoffaufnahme der Wurzeln ermittelt. Nach mehreren Stunden der Beobachtung wurden die Pflanzen mitsamt den Versuchsgefäßen umgetauscht, so daß die aus dem Glassturz kommende jetzt kräftig transpirieren konnte und die, deren Stengel und Blätter bisher frei im Zimmer waren, nun unter die Glocke kam.

Versuche über Kohlensäureabgabe der Wurzeln bei Sonchus oleraceus.

Die ersten Versuche über den Einfluß der Transpiration auf die Kohlensäureabgabe der Wurzeln wurden nun mit Pflanzen ausgeführt, die im Spätherbst aus dem Garten geholt waren. Da sie mäßige Atmungsintensität aufweisen, mußten die Versuche auf 6 Stunden ausgedehnt werden. Die Ergebnisse sind in Tabelle 9 und 10 zusammengefaßt.

Tabelle 9.
Pflanze 7. *Sonchus oleraceus.* — Temperatur 15—16°. Deckenbeleuchtung.

Versuch Nr.	Versuchszeit	Psychrometer-Differenz in °	Wasserabgabe in der Stunde	Kohlensäure-abgabe i. d. St.
1	9.40– 15.40	0,10—0,20	0,10 ccm	0,29 ccm
2	15.40—21.40	4,20—4,60	1,63 ccm	0,29 ccm

Tabelle 10.
Pflanze 8. *Sonchus oleraceus.* — Temperatur 15—16°. Deckenbeleuchtung.

Versuch Nr.	Versuchszeit	Psychrometer-Differenz in °	Wasserabgabe in der Stunde	Kohlensäure-abgabe i. d. St.
1	9.55—15.55	4,5—5,0	1,30 ccm	0,28 ccm
2	15.55—21.55	0,10—0,20	0,09 ccm	0,27 ccm

Zur Feststellung der Wasserabgabe der Versuchspflanzen mußten letztere immer aus der Glocke genommen und auf die Wage gestellt werden. Mit diesem Vorgehen war natürlich ein Wasserverlust der Versuchspflanzen durch Transpiration unvermeidlich. Immerhin sind die Unterschiede in der Intensität des aufsteigenden Wasserstroms so groß, daß sie Schlüsse auf seine Bedeutung für die Wurzelatmung gestatten.

Neben der Wasserabgabe ist auch die Psychrometerdifferenz des jeweiligen Versuchsraums in der Tabelle angegeben. Sie zeigt, daß die beiden Versuchsanordnungen hinsichtlich der Verdunstungsbedingungen tatsächlich sehr weit voneinander abweichen. Die Psychrometerdifferenz ist von durchschnittlich 0,15° bei den Versuchen unter der Glasglocke auf durchschnittlich 4,40 bzw. 4,75° für die Versuche in Zimmerluft erhöht, also ungefähr auf das 29- und 30fache gesteigert. Dementsprechend ist auch ein bedeutender Unterschied in der Größe der Wasserabgabe vorhanden. Bei Pflanze 7 war im Zimmer der Wasserverlust in der

Stunde 16mal, bei Pflanze 8 14mal größer als in dem nahezu wasserdampfgesättigten Raum unter der Glocke. Trotz dieser großen Unterschiede, die so in der Transpirationsstärke der Pflanze jeweils zwischen dem ersten und zweiten Versuch auftraten, war die Größe der Kohlensäureabgabe bei jeder Pflanze bei beiden Versuchen ganz gleich.

Die zu diesen Versuchen verwendeten Pflanzen standen wahrscheinlich schon nahe dem Abschluß ihres Wachstums; daher wurde die Untersuchung im März mit überwinterten und angetriebenen Pflanzen wiederholt (Tabelle 11 und 12).

Die erhöhte Atemintensität gestattete immer, je zwei Versuche unter gleichen Bedingungen auszuführen, was die Zuverlässigkeit der Ergebnisse natürlich besser in Erscheinung treten läßt.

Tabelle 11.
Pflanze 9. *Sonchus oleraceus*. — Temperatur 17—18⁰. Deckenbeleuchtung.

Versuch Nr.	Versuchszeit	Psychrometer-Differenz in ⁰	Wasserabgabe in der Stunde in ccm	Kohlensäureabgabe i. d. St. in ccm	Kohlensäure-Mittel
1	9.10—12.10	0,20	0,15	0,47	0,49
2	12.10—15.15		0,13	0,51	
3	15.15—18.20	5,40—5,80	2,13	0,49	0,49
4	18.20—21.20		1,73	0,49	

Tabelle 12.
Pflanze 10. *Sonchus oleraceus*. — Temperatur 17—18⁰. Deckenbeleuchtung.

Versuch Nr.	Versuchszeit	Psychrometer-Differenz in ⁰	Wasserabgabe in der Stunde in ccm	Kohlensäureabgabe i. d. St. in ccm	Kohlensäure-Mittel
1	9.30—12.30	5,20—5,40	1,20	0,54	0,56
2	12.30—15.30		1,40	0,58	
3	15.30—18.40	0,20	0,17	0,58	0,57
4	18.40—21.40		0,20	0,55	

Bei diesen Untersuchungen ist das Verhältnis der Psychrometerdifferenzen 1 : 27 bzw. 1 : 28, und die Transpiration im feuchten Raum zu der im trockenen verhält sich bei Pflanze 9 durchschnittlich wie 1 : 14 und bei Pflanze 10 durchschnittlich wie 1 : 7. Auch diese beiden Versuchsreihen zeigen keinerlei Beeinflussung der Kohlensäureabgabe der Wurzeln durch die in der Pflanze stattfindende Wasserbewegung.

Versuche über Sauerstoffaufnahme der Wurzeln bei Sonchus oleraceus.
Unterdessen waren mit gleichem Material auch Versuche über den Einfluß des Transpirationsstroms auf die Sauerstoffaufnahme der Wurzeln von *Sonchus oleraceus* ausgeführt worden. Die größere Empfindlichkeit der Sauerstoffanalyse gestattete hier eine wesentliche Herabsetzung der Versuchsdauer. Ausnahmsweise wurden zu diesen Versuchs-

reihen dieselben Gläser als Atmungsgefäß benutzt, die sonst zur Feststellung der Kohlensäureaufnahme der Wurzeln dienten. Diese boten gegenüber den späterhin verwendeten Batteriegläsern den Vorteil, daß sie bei den Gewichtsbestimmungen, die zur Berechnung der Transpiration nötig waren, die Wage nicht überlasteten. Abschluß der Versuchsgefäße, Zufuhr und Abfuhr von Wasser und Stickstoffgas, Anbringung und Bedienung des Potometers wurden im übrigen in derselben Art bewerkstelligt, wie sie bei den methodischen Vorbemerkungen und den Angaben über die Ermittlung der Sauerstoffaufnahme untergetauchter Wurzeln genau geschildert wurden.

Die Sauerstoffwerte und Wasserwerte, die in den beiden ersten Versuchsreihen gefunden wurden, sind in Tabelle 13 und 14 eingetragen.

Außer der stündlichen Wasseraufnahme und -abgabe ist bei den Sauerstoffversuchen auch noch der Bilanzquotient angegeben. Dieser ist nach BURGERSTEIN das Verhältnis der durch die Transpiration des Sprosses abgegebenen Wassermengen zu der von den Wurzeln aufgenommenen Wassermenge.

Wie schon betont wurde, kann man eigentlich nur dann mit einiger Sicherheit annehmen, daß die aus der Wurzel übertretende Wassermasse

Tabelle 13. Pflanze 11. *Sonchus oleraceus.*

Versuch Nr.	Versuchsanordnung	Versuchszeit	Psychrometer-Differenz in °	Stündl. Wasserabgabe in ccm	Stündl. Wasseraufnahme in ccm	Bilanzquotient	Mittel d. Bilanzquotienten	Stündl. Sauerstoffaufn. in ccm	Sauerstoff Mittel
1	I	9.15—10.15	4,80—5,40	1,3	0,9	1,4	1,2	0,95	0,97
2		10.15—11.15		1,3	1,3	1,0		0,99	
3	II	11.15—12.20	0,10	0,6	0,8	0,8	0,7	0,94	0,95
4		12.20—13.25		0,5	0,9	0,6		0,95	
5	I	13.25—14.35	5,60—5,80	1,6	1,4	1,1	1,1	0,84	0,87
6		14.35—15.45		1,4	1,3	1,1		0,90	

Tabelle 14. Pflanze 12. *Sonchus oleraceus.*

Versuch Nr.	Versuchsanordnung	Versuchszeit	Psychrometer-Differenz in °	Stündl. Wasserabgabe in ccm	Stündl. Wasseraufnahme in ccm	Bilanzquotient	Mittel d. Bilanzquotienten	Stündl. Sauerstoffaufn. in ccm	Sauerstoff Mittel
1	II	9.40—10.40	0,00—0,10	0,3	0,6	0,5	0,6	0,60	0,62
2		10.40 - 11.40		0,3	0,5	0,6		0,64	
3	I	11.40—12.45	5,80—6,00	2,1	1,8	1,2	1,1	0,60	0,58
4		12.45—13.50		1,6	1,6	1,0		0,56	
5	II	13.50—14.55	0,20	0,2	0,6	0,3	0,5	0,60	0,59
6		14.55—16.04		0,3	0,5	0,6		0,58	

Temperatur im Versuchsraum: 17—18°. — Deckenbeleuchtung.

gleich der abgegebenen oder aufgenommenen ist, wenn beide Größen annähernd gleich sind, der Bilanzquotient also ungefähr gleich 1 ist.

Wie aus den Tabellen zu erkennen ist, gelang es bei Durchführung dieser ersten beiden Versuchsreihen über den Einfluß des in der Pflanze aufsteigenden Saftes auf die Sauerstoffaufnahme der Wurzeln nicht, die Wasseraufnahme der Versuchspflanzen auf einen so unbedeutenden Betrag herabzudrücken, wie dies bei den Kohlensäureversuchen der Fall war. Die Erklärung hierfür liegt wohl hauptsächlich in der wesentlich kürzeren Dauer der Sauerstoffversuche. Da die Pflanzen beim Wägen und Leeren und Füllen der Atmungsgefäße jedesmal aus der Apparatur einige Minuten herausgenommen werden mußten, entstand durch erhöhte Transpirationsmöglichkeit stets ein Wasserverlust. Dieser machte sich bei den länger dauernden Versuchen über Kohlensäureabgabe der Wurzeln im Ergebnis kaum bemerkbar. Er erreichte aber bei den nur auf eine Stunde sich erstreckenden Versuchen über Sauerstoffaufnahme einen wesentlich größeren Anteil an den Transpirationswerten.

Die Untersuchung wurde daher unter Durchführung von zwei weiteren Versuchsreihen nochmals aufgenommen. Die Pflanzen wurden diesmal nur beim Wägen aus der Versuchsanordnung hervorgeholt. Die Erneuerung des Atmungswassers wurde dagegen so vorgenommen, daß die Versuchspflanzen dabei unter der Glocke bleiben konnten. Aus den Tabellen 15 und 16 ist zu ersehen, daß die Einschränkung der Wasserabgabe und -aufnahme denn auch eine vollkommenere war. Der Wasserumsatz stieg von etwa 0,2 ccm auf ungefähr 0,9 bei Pflanze 13 und sank bei Pflanze 14 von etwa 1,3 bis 1,2 ccm auf 0,4 bis 0,2 ccm. Die Psychrometerdifferenz war im Zimmer gegenüber dem Raum unter der Glocke bei beiden Versuchsreihen rund auf das 30fache gesteigert. Die Sauerstoffaufnahme der Wurzeln blieb die ganze Zeitspanne hindurch, über die sich die Versuchsreihen erstreckten, ziemlich gleich. In den späteren Stunden ging sie anscheinend etwas zurück. Diese Erniedrigung der Sauerstoffwerte kann

Tabelle 15. Pflanze 13. *Sonchus oleraceus*.

Versuch Nr.	Versuchszeit	Psychrometer-Differenz in °	Stündl. Wasserabgabe in ccm	Stündl. Wasseraufn. in ccm	Bilanzquotient	Mittel d. Bilanzquotienten	Stündl. Sauerstoffaufnahme in ccm	Sauerstoff-Mittel in ccm
1	8.17— 8.45		0,18	0,20	0,9		1,06	
2	9.20— 9.47	0,10—0,20	0,29	0,29	1,0	1,0	1,08	1,07
3	10.30—10.58		0,27	0,20	1,3		1,08	
4	11.29—12.00		0,18	0,24	0,8		1,06	
5	—		—	—	—		—	
6	13.44—14.14	4,6—5,2	1,08	0,94	1,1	1,0	1,00	1,01
7	14.45—15.15		1,00	1,00	1,0		1,04	
8	15.48—16.18		0,85	0,90	0,9		1,00	

Tabelle 16. Pflanze 14. *Sonchus oleraceus*.

Versuch Nr.	Versuchszeit	Psychrometer- Differenz in °	Stündl. Wasserabgabe in ccm	Stündl. Wasseraufn. in ccm	Bilanzquotient	Mittel d. Bilanzquotienten	Stündl. Sauerstoffaufnahme in ccm	Sauerstoff Mittel in ccm
1	8.30— 9.02		1,35	1,20	1,1		0,86	
2	9.29—10.00	4,6—5,0	2,50	1,30	1,9	1,2	0,88	0,87
3	10.37—11.09		1,21	1,20	1,0		0,88	
4	11.40—12.11		1,01	1,30	0,8		0,87	
5	12.55—13.25		0,10	0,40	0,25		0,83	
6	23.54—14.23	0,10—0,20	0,44	0,30	1.50	0,9	0,81	0,83
7	15.07—15.36		0,20	0,30	1,0		0,87	
8	16.04—16.34		0,35	0,35	1,0		0,82	

Temperatur des Versuchsraums: 17—18°. — Deckenbeleuchtung.

jedoch, wenigstens teilweise, eine Folge des geringen Ölverlustes der Atmungsgefäße sein, der immer noch eintritt, wenn die Verdrängung des Wassers beim Leeren desselben gestoppt wird. Das Volumen des zugegebenen Wassers wird dann immer größer, während die anfänglich festgestellte Größe des vom Wasser erfüllten Raums in Rechnung gestellt wird. Die Ergebnisse werden so auf ein kleineres Wasservolumen berechnet, als in Wirklichkeit vorhanden ist und daher scheinbar etwas kleiner. Mit der Einwirkung der Transpiration steht dieses Zurückgehen der für die Sauerstoffaufnahme gefundenen Werte jedenfalls nicht in Zusammenhang, da ja bei Pflanze 13 die Transpiration bei den letzten Versuchen erhöht, bei Pflanze 14 dagegen erniedrigt war. Es läßt sich somit nicht die mindeste Einwirkung der Wasserabgabe und -aufnahme der Pflanzen auf die Sauerstoffaufnahme ihrer Wurzeln erkennen.

Infolge der großen Atmungsstärke der Versuchspflanzen wurde die Versuchszeit auf etwa $^1/_2$ Stunde abgekürzt. Die angegebenen Wasser- und Sauerstoffwerte sind aber wieder auf Stunde Versuchszeit umgerechnet. Aus den Tabellen ist auch zu ersehen, daß nur jede zweite $^1/_2$ Stunde eine Feststellung der Atmung der Wurzeln und der Wasserbilanz der Pflanzen vorgenommen wurde. In der Zwischenzeit blieben die Wurzeln in erneuertem Wasser, ohne daß Sauerstoffbestimmungen und Transpirations- und Potomessungen gemacht wurden. Während bei den Versuchen mit Pflanze 11 und 12 die Transpirationsbedingungen zweimal geändert wurden, wurde diesmal der Austausch der Pflanzen nur einmal durchgeführt, und zwar jeweils nach dem 4. Versuch.

Beim 5. Versuch, der mit Pflanze 13 ausgeführt wurde, mußte infolge einer Störung auf Ermittelung der Sauerstoffaufnahme der Wurzeln verzichtet werden. Von einer Eintragung der Versuchsergebnisse in die Tabelle wurde daher abgesehen.

Untersuchungen über Wurzelatmung. 211

Versuche mit Zea Mays.

Entsprechende Versuche über den Einfluß des Transpirationsstroms auf die Wurzelatmung wurden noch mit *Zea Mays* ausgeführt. Die zuerst in dieser Richtung vorgenommenen Untersuchungen über Kohlensäureabgabe der Maiswurzeln ließen erkennen, daß deren Atmungsintensität geringer war als bei *Sonchus*. Daher konnten die Sauerstoffversuche auf 1 Stunde ausgedehnt werden.

Diese Untersuchungen hatten genau dasselbe Ergebnis wie die mit *Sonchus* ausgeführten. Dies ist aus den Tabellen 17—20 zu ersehen.

Tabelle 17. Pflanze 15. *Zea Mays*.

Versuch Nr.	Versuchszeit	Psychrometer-Differenz in °	Wasserabgabe in der Stunde in ccm	Kohlensäureabgabe i. d. Stunde in ccm	Kohlensäure-Mittel in ccm
1	9.05—12.05	0,2	0,10	0,37	0,36
2	12.05—15.20		0,10	0,35	
3	15.20—18.20	5,2—5,6	0,97	0,36	0,37
4	18.20—21.25		0,75	0,38	

Temperatur des Versuchsraums: 18,6—19,2°. — Deckenbeleuchtung.

Tabelle 18. Pflanze 16. *Zea Mays*.

Versuch Nr.	Versuchszeit	Psychrometer-Differenz in °	Wasserabgabe in der Stunde in ccm	Kohlensäureabgabe i. d. Stunde in ccm	Kohlensäure-Mittel in ccm
1	9.25—12.40	5,0—5,2	0,58	0,44	—
2	12.40—15.45		0,31	0,38	
3	15.45—18.50	0,2	0,06	0,38	0,38
4	18.50 - 21.50		0,07	0,38	

Temperatur des Versuchsraums: 18,6—19,2°. — Deckenbeleuchtung.

Tabelle 18 zeigt, daß der Betrag des ersten Kohlensäureergebnisses der mit Pflanze 16 ausgeführten Versuchsreihe etwas von den folgenden Werten abweicht. Der zweite Versuch, der unter den gleichen Bedingungen gemacht wurde, wie der erste, zeigt jedoch bereits wieder eine mit den folgenden Versuchen übereinstim-

Tabelle 19. Pflanze 17. *Zea Mays*.

Versuch Nr.	Versuchszeit	Psychrometer-Differenz in °	Stündl. Wasserabgabe in ccm	Stündl. Wasseraufnahme in ccm	Bilanzquotient	Mittel d. Bilanzquotienten	Stündl. Sauerstoffaufn. in ccm	Sauerstoff-Mittel in ccm
1	8.17— 9.18	0,2—0,4	0,12	0,18	0,7	1,0	0,45	0,43
2	9.18 - 10.13		0,19	0,14	1,3		0,42	
3	10.13—11.12		0,12	0,12	1,0		0,43	
4	11.12—12.15		0,18	0,16	1,1		0,44	
5	12.15—13.17	5,4—5,8	0,43	0,38	1,1	1,1	0,40	0,44
6	13.17—14.18		0,44	0,43	1,0		0,42	
7	14.18—15.16		0,45	0,46	1,0		0,41	
8	15.16—16.20		0,48	0,46	1,1		0,45	

mende Kohlensäureabgabe. Da außerdem auch alle Kohlensäureergebnisse bei Pflanze 15 annähernd übereinstimmen, ist die Ursache der genannten Abweichung wohl in einer zufälligen Störung der Versuchsancrdnung zu suchen und ihr keinerlei Bedeutung beizumessen. In dieser Annahme wird man bestärkt, wenn man bedenkt, daß die Differenz der Kohlensäurewerte der beiden ersten Versuche fast an die Fehlergrenze von 0,05 ccm/st heranreicht.

Von der eben erwähnten Ausnahme abgesehen, bleiben alle Kohlensäure- und Sauerstoffwerte einer Versuchsreihe, trotz verschiedener Transpirationsbedingungen, ziemlich gleich. Auch für *Zea Mays* gilt daher die Feststellung, daß, bei Atmung untergetauchter Wurzeln, durch verschiedene Stärke der Wasserabgabe und -aufnahme der Pflanze eine Veränderung der Versuchsergebnisse nicht zu erwarten ist.

Tabelle 20. Pflanze 18. *Zea Mays*.

Versuch Nr.	Versuchszeit	Psychrometer Differenz in °	Stündl. Wasserabgabe in ccm	Stündl. Wasseraufnahme in ccm	Bilanzquotient	Mittel d. Bilanzquotienten	Stündl. Sauerstoffaufn. in ccm	Sauerstoff Mittel in ccm
1	8.30— 9.30		0,33	0,33	1,0		0,48	
2	9.30—10.28	5,6—6,2	0,32	0,32	1,0	1,0	0,52	0,50
3	10.28—11.28		0,30	0,30	1,0		0,49	
4	11.28—12.32		0,28	0,31	0,9		0,51	
5	12.32—13.32		0,10	0,11	0,9		0,48	
6	13.32—14.32	0,2	0,09	0,07	1,3	1,2	0,50	0,50
7	14.32—15.40		0,11	0,12	0,9		0,50	
8	15.40—16.40		0,11	0,07	1,6		0,50	

Temperatur des Versuchsraums: 20—21°. — Deckenbeleuchtung.

Die an untergetauchten Wurzeln ausgeführten Versuche über einen Einfluß des Transpirationsstroms auf die Atmung zeigen eindeutig, daß unter den gewählten Versuchsbedingungen selbst bei ziemlich starker Verschiedenheit der Intensität des aufsteigenden Saftstroms merkliche Unterschiede in der Atmungsgröße nicht auftreten.

Bedeutung der Ergebnisse für die Löslichkeitsfrage.

An Hand der über den Wasserhaushalt der Versuchspflanzen gewonnenen Zahlen ist es nun auch möglich, eingehender darüber Rechenschaft zu geben, ob eine Beeinflussung der Wurzelatmung durch gesteigerte Zufuhr von gelöstem Sauerstoff bei lebhafter Transpirationsströmung überhaupt denkbar ist. Man muß dabei die Sauerstoffmenge, die günstigenfalls durch den Transpirationsstrom an die Gewebe der Wurzel herangeführt werden kann, mit deren Sauerstoffbedarf in Vergleich bringen. Um die in der Zeiteinheit in der Wurzel aufsteigende Wassermenge nun in Rechnung stellen zu können, zieht man am besten nur die Versuche heran, bei denen der Bilanzquotient ungefähr gleich 1 ist. In diesem Falle kann man ja mit ziemlicher Sicherheit die stündlich von dem Wurzelsystem aufgenommene Wassermenge der in der Stunde durch die Wurzeln strömenden gleichsetzen. Unter diesen Versuchen ist der Höchststundenwert der von den unterirdischen Organen aufgenommenen Wassermenge bei *Sonchus oleraceus* 1,6 ccm (Pflanze 12, Versuch 4), bei *Zea Mays* 0,46 ccm (Pflanze 17, Versuch 7). In 1 ccm Wasser lösen sich bei der in Frage kommenden Temperatur des Arbeitsraums rund 0,0065—0,0069 ccm Sauerstoff. Bei den erwähnten Versuchen konnte also von dem Wurzelsystem von *Sonchus oleraceus* insgesamt ungefähr 0,011 ccm, von dem der Maispflanze insgesamt ungefähr 0,003 ccm Sauerstoff in der Stunde mit dem Transpirationsstrom aufgenommen und den Geweben zugeführt werden.

Aus dem Vergleich dieser Zahlen mit der von den Wurzeln tatsächlich aufgenommenen Sauerstoffmenge von 0,56 und 0,41 ccm geht deutlich hervor, daß die Erhöhung der Sauerstoffzufuhr durch den aufsteigenden Saft gegenüber der aktiven Sauerstoffaufnahme der Zellen durch Diffusion kaum eine Rolle spielt. Man müßte höchstens die Annahme machen, daß die Löslichkeit von Sauerstoff im Transpirationsstrom ganz wesentlich von der des Wassers verschieden ist. Dafür sind aber keine Anhaltspunkte vorhanden.

Daß ein merklicher Anteil der Atmungs*kohlensäure* in Lösung mit dem aufsteigenden Wasserstrom in den Sproß abwandern könne, wäre im Hinblick auf den Wasserhaushalt der untersuchten Pflanzen allerdings denkbar.

Da aus den Ergebnissen der Sauerstoffversuche hervorgeht, daß bei drei- bis vierstündiger Dauer der Versuche der Mittelwert des Bilanzquotienten sich ziemlich dem Werte 1 nähert, sind wir berechtigt, bei den auf 3—6 Stunden ausgedehnten Kohlensäureversuchen die Größe der Wasserabgabe gleich der Wassermenge zu setzen, die aus der Wurzel zum Sproß übertritt. Geht man dann von der ziemlich wahrscheinlichen Annahme aus, daß die Löslichkeit der Kohlensäure in dem in der Pflanze aufsteigenden Saftstrom ungefähr derjenigen, die für Wasser zutrifft, gleichkommt, so ist aus den Tabellen 9—12 sowie 17 und 18 ersichtlich, daß bei lebhafter Transpiration die im Stengel aufsteigende Wassermenge wohl ausreichen würde, um die gesamte, bei dem Atmungsvorgange in der Wurzel entstehende Kohlensäure zu lösen. So wurden z. B. bei Pflanze 9 (Tabelle 11, *Sonchus oleraceus*) in den Versuchen 3 und 4 durchschnittlich 1,95 ccm Wasser abgegeben. Also trat vermutlich die gleiche Menge Wasser aus dem Wurzelsystem zum Sproß über. Die stündliche Kohlensäureabgabe war 0,49 ccm. Da bei Zimmertemperatur 1 ccm Wasser ungefähr ein gleiches Volumen Kohlendioxyd löst, wäre somit nahezu die vierfache Menge Kohlensäuregas löslich. Bei Pflanze 15 (Tabelle 17, *Zea Mays*) betrug die Wasserabgabe in den Versuchen 3 und 4 pro Stunde durchschnittlich 0,86 ccm, die Kohlensäureabgabe durchschnittlich 0,37 ccm in der Stunde. Auch hier könnte also bei völliger Sättigung des Stromes mit Kohlensäuregas ein Mehrfaches der gebildeten Atmungskohlensäure durch den Stengel abwandern.

Wie der Versuch zeigt, werden keine merklichen Mengen von Kohlensäure durch den Transpirationsstrom entführt. Die Erklärung hierfür liegt wohl in der Tatsache, daß nur ein verhältnismäßig kleiner Teil der Gewebe des Wurzelsystems vom aufsteigenden Wasserstrom durchflossen wird. Aus den anatomischen Verhältnissen der Wurzel ergibt sich, daß nur die jüngeren Teile und der Zentralzylinder des Organs für die Wasseraufnahme und die Weiterleitung des Wassers in Frage kommen können. Nach den neuesten Untersuchungen von URSPRUNG und BLUM kommt vermutlich nur die Region der Wurzelhaare für die Aufnahme des durch die Gefäße zum Sproß weitergeleiteten Wassers in Betracht (17). Es kann also wahrscheinlich auch nur die Atmungskohlensäure einer verhältnismäßig geringen Zahl von Zellen durch den Transpirationsstrom abgeführt werden.

Somit ist auch bei einer Betrachtung des Gasaustausches der Wurzelgewebe vom Standpunkt der Löslichkeitsverhältnisse aus das Ausbleiben einer Wirkung des aufsteigenden Wasserstroms verständlich.

6. Assimilation und Wurzelatmung.

Die Überführung der Kohlensäure in organische Verbindung ist bei den Pflanzen sicherlich einer der bedeutendsten ernährungsphysiologischen Vorgänge. So ist es denn auch nicht unwahrscheinlich, daß er das ganze Lebensgetriebe der Pflanze und somit auch die Atmung der Wurzeln beeinflußt. Wenn die Pflanze Kohlenstoff assimiliert, so entstehen im Sproß große Mengen von Kohlehydraten, die ein vorzügliches Atmungsmaterial darstellen. Dieses wandert zur Wurzel ab und kann eine bedeutende Steigerung der Atmungsintensität des unterirdischen Organs hervorrufen.

So erklärte SAIKIEWICZ (12) die Erhöhung der Kohlensäureabgabe von Wurzeln, die jedesmal eintraf, wenn die Versuchspflanzen in das Sonnenlicht gebracht waren. Wurzeln von Maispflanzen waren teilweise in Nährlösung untergetaucht und gegen direkte Lichtwirkung durch einen Karton, der um das Versuchsgefäß herumgelegt wurde, geschützt. Kamen die Pflanzen aus dem Zimmer ins Freie, so beobachtete er, auch bei gleichbleibender Temperatur des Versuchsgefäßes, eine Erhöhung der stündlichen Kohlensäurewerte der Wurzelatmung. Leider bedeutet die Gegenwart von Nährsalzen eine wesentliche Erschwerung der Auswertung der Versuchsergebnisse dieses Forschers. Denn nach neueren Beobachtungen ist erwiesen, daß es eine ganze Anzahl von Vorgängen im Pflanzenkörper gibt, die vermutlich durch Gegenwart von Salzen hervorgerufen werden und zu einer Kohlensäureabgabe der Zelle führen, die mit der Atmung nicht im unmittelbaren Zusammenhang steht. So fand

Warburg (20) in Gegenwart von Nitraten das Auftreten von solcher Extrakohlensäure. Wenn man dies berücksichtigt, so kann man eigentlich nicht mit Sicherheit behaupten, daß beobachtete Schwankungen der Kohlensäureabgabe der Wurzel dann auf Rechnung der Bildung von Atmungskohlensäure zu setzen sind.

Nach Saikiewicz stellte Cauvet (3) fest, daß die Kohlensäureabgabe von teilweise in Wasser untergetauchten Wurzeln eines Weidenstecklings nachts geringer ist als am Tage. Doch sind die Abweichungen zwischen den Ergebnissen der Tagesversuche und der Nachtversuche bei Cauvet nicht sehr bedeutend. Da in den Versuchsergebnissen eine Erniedrigung der Atmungsintensität um einen nahezu gleichen Betrag auch für die Mittagsstunden zum Ausdruck kommt, ist es fraglich, ob die beobachtete Veränderung der Atmung auf einen Einfluß des Tageslichts zurückzuführen ist.

Die Kohlensäureabgabe der Wurzeln kräftig entwickelter Maispflanzen untersuchte später Detmer (6) mit einer ähnlichen Versuchsanordnung, konnte jedoch eine Einwirkung der täglichen Schwankung der Lichtintensität auf die Kohlensäureabgabe der Wurzeln nicht feststellen.

Cerighelli (4,5) befaßte sich ebenfalls mit der Frage der Einwirkung der Assimilation auf die Wurzelatmung. Der Gasaustausch der Wurzel wurde bei diesen Versuchen in feuchter Luft untersucht, die in einem Glaszylinder gut abgeschlossen war. Die Größe der Sauerstoffaufnahme und Kohlensäureabgabe wurde nach der Methode von Bonnier und Mangin festgestellt. Bei den Tageslichtversuchen wurde der Atmungsquotient der Wurzel jedesmal bedeutend höher gefunden als bei den Dunkelversuchen.

Es ist wohl möglich, daß bei längerer Dauer der Verdunkelung eine indirekte Wirkung des Ausbleibens des Assimilationsvorganges eintritt und, als Folge der Unterernährung der Pflanze, der Verlauf der Atmung ihrer Organe sich verändert. Auch Detmer beobachtete an seinen Versuchspflanzen nach mehreren Tagen schlechter Beleuchtung eine bedeutend geringere Kohlensäureabgabe als vorher. Es ist aber fraglich, ob dieser Mangel an Atmungsmaterial sich schon innerhalb so kurzer Zeit bemerkbar machen kann, daß er im Verlaufe eines Tages bereits zum Ausdruck kommt.

Da gerade ein Nachweis eines Einflusses der Tagesperiode der Assimilation auf die Atmung der Wurzeln wegen der regelmäßigen Wiederkehr dieser Erscheinung weitgehende Schlüsse zuließe, wurde die Möglichkeit einer Einwirkung der Assimilation des Kohlenstoffs auf die Atmung innerhalb kurzer Zeiträume einer besonderen Nachprüfung unterzogen. Die bei den Versuchen über die Bedeutung des Transpirationsstroms für die Wurzelatmung schon erprobte Versuchsanordnung wurde nun im Arbeitsraum so aufgestellt, daß das Tageslicht möglichst ausgenutzt wurde. Der Abstand der Atmungsgefäße von der Fensterscheibe betrug etwa 40 cm. Während der ersten Versuche eines Tages wurde der Raum verdunkelt und nur bei Ausführung von Handgriffen an der Apparatur schwache Deckenbeleuchtung verwendet. In den Mittagsstunden kamen dann die Pflanzen durch Entfernung der Verdunkelungsvorrichtung ans Tageslicht. Die Untersuchung wurde dabei ununterbrochen fortgesetzt. Vor Einwirkung des Lichtes war das Versuchsgefäß durch einen Zinkblechzylinder geschützt. Dieser war auf der Zimmerseite mit einem einige Zentimeter breiten, senkrechten Schlitz versehen, so daß man die Entleerung des Versuchsgefäßes gut verfolgen konnte. Die Einwirkung der geringen Lichtmenge auf die Atmungsintensität der Wurzeln, welche infolge dieser Öffnung im schützenden Mantel zu erwarten war, blieb sicher sehr gering. Eine Einwirkung des Lichtes auf den Atmungsvorgang ist nach neueren Untersuchungen von LÖWSCHIN (8) und DE BOER (1) nicht oder doch nur in sehr geringem Maße vorhanden.

Zum Beweis, daß die Pflanzen während des Versuches tatsächlich kräftig assimilierten, war nach Beendigung einer Versuchsreihe ein Stärkenachweis geplant. Doch zeigten Vorversuche, daß gerade bei *Sonchus oleraceus* und *Zea Mays* ein deutliches Feststellen von Stärkebildung selbst bei vollem Sonnenlicht und unter Zuhilfenahme des Mikroskops sich nicht erbringen läßt. Nach den Untersuchungen von A. MEYER (9) und H. WINKLER (21) ist ein solches negatives Ergebnis des Nachweises von Stärkebildung in Blättern von Maispflanzen wohl verständlich. Für *Sonchus* konnten keine entsprechenden Angaben in der Literatur gefunden werden.

Die Assimilationsbedingungen waren jedoch für einen Tageslichtversuch im Laboratorium die denkbar günstigsten. Nach dem Öffnen der Läden stand die Sonne so, daß die Seitenwand des Fensters gerade noch beleuchtet war, eine direkte Bestrahlung der Versuchsanordnung aber vermieden wurde. Die Temperatur konnte unter diesen Bedingungen in allen Teilen der Versuchsanordnung auf einige Zehntel Grad konstant gehalten werden, eine störende Einwirkung der Sonnenstrahlen war vermieden. Alle Versuche wurden nur an klaren Tagen, die sehr geringe Bewölkung zeigten, ausgeführt.

Die Pflanzen wurden in der gleichen Weise vorbehandelt, wie dies bei den Versuchen über einen Einfluß der Wasserbewegung der Pflanze auf die Wurzelatmung geschehen war. Nur wurden sie, nachdem das Wurzelsystem von Erde gereinigt war, bis zum Beginn des Versuches im Dunkeln gelassen. Durch diese Maßnahme sollte eine Nachwirkung der Assimilation vermieden werden, für die der Pflanze an ihrem früheren Standort natürlich Gelegenheit gegeben war.

Untersuchungen über Wurzelatmung. 217

Versuche über Sauerstoffaufnahme.

Da die Feststellung der Sauerstoffaufnahme der Wurzeln gegenüber der Bestimmung der Kohlensäureabgabe derselben den Vorteil bietet, daß sich innerhalb eines kurzen Zeitraums eine größere Anzahl von Versuchen ausführen läßt, wurde zunächst der Verlauf der Sauerstoffaufnahme der Wurzeln von *Sonchus oleraceus* verfolgt. Tabelle 21 und 22 zeigen, daß der Sauerstoffverbrauch des Wurzelsystems der untersuchten Pflanzen selbst mehrere Stunden nach Eintritt der Einwirkung des Tageslichtes auf den Sproß noch keine wesentliche Änderung erfährt.

Tabelle 21. Pflanze 19. *Sonchus oleraceus*.

Versuch Nr.	Versuchszeit	Lichtverhältnisse	Stündliche Sauerstoff-Aufnahme in ccm	Sauerstoff-Mittel in ccm
1	8.43—9.46	Dunkelheit	1,04	1,07
2	9.46—10.49		1,05	
3	10.49—11.56		1,12	
4	11.56—12.59	Tageslicht	1,16	1,10
5	12.59—14.01		1,08	
6	14.01—15.02		1,09	
7	15.02—16.09		1,05	

Temperatur des Versuchsraums: 17—18°. Psychrometer-Differenz: 3,8—4,8°.

Tabelle 22. Pflanze 20. *Sonchus oleraceus*.

Versuch Nr.	Versuchszeit	Lichtverhältnisse	Stündliche Sauerstoff-Aufnahme in ccm	Sauerstoff-Mittel in ccm
1	8.57—9.59	Dunkelheit	1,15	1,18
2	9.59—10.59		1,18	
3	10.59—12.04		1,21	
4	12.04—13.11	Tageslicht	1,22	1,20
5	13.11—14.12		1,18	
6	14.12—15.11		1,19	
7	15.11—16.13		1,20	

Temperatur des Versuchsraums: 17—18°. Psychrometer-Differenz: 3,8—4,8°.

Aus den Tabellen ist auch zu ersehen, daß Temperatur und Luftfeuchtigkeit während des ganzen Tages im Versuchsraum ziemlich konstant blieben. Nährlösungskulturen von *Zea Mays* wurden ebenfalls zu den Versuchen über den Einfluß der Assimilation der Kohlensäure auf den Gasaustausch des Wurzelsystems mit der Außenwelt herangezogen. Sie wurden ebenso wie die in Erde kultivierten Pflanzen vorbereitet. Nur erfolgte die Reinigung des Wurzelsystems einfach durch mehrmaliges Wässern in destilliertem Wasser. Aus Tabelle 23 und 24 ist zu ersehen, daß die Sauerstoffaufnahme der Wurzeln dieser Pflanzen unter den beiden Versuchsbedingungen ebenfalls ziemlich gleich war.

Versuche an Maispflanzen, die in Erde herangezogen waren, führten zu demselben Ergebnis (Tabelle 25 und 26).

Tabelle 23. Pflanze 21. *Zea Mays*.

Versuch Nr.	Versuchszeit	Lichtverhältnisse	Stündliche Sauerstoff-Aufnahme in ccm	Sauerstoff-Mittel in ccm
1	8.37—9.26	Dunkelheit	1,33	1,33
2	9.26—10.17		1,29	
3	10.17—11.09		1,36	
4	11.09—12.01	Tageslicht	1,30	1,34
5	12.01—12.52		1,33	
6	12.52—13.43		1,36	
7	13.43—14.33		1,34	
8	14.33—15.22		1,35	

Tabelle 24. Pflanze 22. *Zea Mays*.

Versuch Nr.	Versuchszeit	Lichtverhältnisse	Stündliche Sauerstoff-Aufnahme in ccm	Sauerstoff-Mittel in ccm
1	8.52—9.41	Dunkelheit	1,74	1,74
2	9.41—10.30		1,77	
3	10.30—11.26		1,72	
4	11.26—12.14	Tageslicht	1,85	1,83
5	12.14—13.02		1,83	
6	13.02—13.52		1,80	
7	13.52—14.42		1,79	
8	14.42—15.29		1,86	

Temperatur des Versuchsraums: 21—22°. Psychrometerdifferenz: 1,2—1,8°.

Tabelle 25. Pflanze 23. *Zea Mays*.

Versuch Nr.	Versuchszeit	Lichtverhältnisse	Stündliche Sauerstoff-Aufnahme in ccm	Sauerstoff-Mittel in ccm
1	8.48— 9.49	Dunkelheit	0,70	0,70
2	9.49—10.48		0,73	
3	10.48—11.49		0,68	
4	11.49—12.51	Tageslicht	0,70	0,72
5	12.51—13.50		0,73	
6	13.50—14.51		0,75	
7	14.51—15.48		0,71	

Tabelle 26. Pflanze 24. *Zea Mays*.

Versuch Nr.	Versuchszeit	Lichtverhältnisse	Stündliche Sauerstoff-Aufnahme in ccm	Sauerstoff-Mittel in ccm
1	9.01—10.01		0,67	
2	10.01—11.00	Dunkelheit	0,68	0,68
3	11.00—12.01		0,68	
4	12.01—13.02		0,73	
5	13.02—14.02	Tageslicht	0,69	0,70
6	14.02—15.02		0,69	
7	15.02—16.00		0,68	

Temperatur des Versuchsraums: 19—20°.   Psychrometerdifferenz: 4—4,3°.

Versuche über Kohlensäureabgabe.

Die Versuche über Kohlensäureabgabe der Wurzeln bei verschieden starker Beleuchtung des Sprosses zeigten in den Einzelergebnissen merkliche Schwankungen. Diese gingen aber nicht über die unter konstanten Außenbedingungen bereits festgestellten unvermeidlichen Abweichungen der Ergebnisse vom Mittelwert um etwa 10% hinaus. Man wird bei Auswertung dieser Versuchsreihen sich hauptsächlich auf die für beide Versuchsbedingungen angegebenen Mittelwerte stützen müssen. Die Tabellen 27—31 zeigen, daß teilweise eine geringe Erniedrigung der Kohlensäureabgabe der Wurzeln bei Untersuchung der Pflanzen am Tageslicht eintrat, teilweise eine Erhöhung gefunden wurde. Auf die Tatsache, daß die Erhöhung der Kohlensäurewerte gerade bei Nährlösungskulturen von Mais gefunden wurde, kann bei der geringen Zahl der untersuchten Pflanzen nicht näher eingegangen werden.

Da somit ein Abweichen der Versuchsergebnisse im einen, wie im anderen Sinn zu beobachten ist, muß man annehmen, daß es wohl mit der Einwirkung der verschiedenen Assimilationsbedingungen auf die Atmung der Wurzeln nicht in Zusammenhang steht. Es ist ihm daher bei Auswertung der Versuchsergebnisse keine allzu große Bedeutung beizumessen, zumal es auch nicht stärker über den Gesamtmittelwert einer Versuchsreihe hinausgeht, als dies unter gleichbleibenden Außenbedingungen schon beobachtet wurde (Vorversuche Tabelle 8).

Tabelle 27. Pflanze 25. *Sonchus oleraceus*.

Versuch Nr.	Versuchszeit	Lichtverhältnisse	Stündliche Kohlensäure-Abgabe in ccm	Kohlensäure-Mittel in ccm
1	7.59—10.05	Dunkelheit	1,17	1,20
2	10.05—12.06		1,22	
3	12.06—14.04	Tageslicht	1,16	1,12
4	14.04—16.10		1,08	

Tabelle 28. Pflanze 26. *Sonchus oleraceus*.

Versuch Nr.	Versuchszeit	Lichtverhältnisse	Stündliche Kohlensäure-Abgabe in ccm	Kohlensäure-Mittel in ccm
1	8.15—10.13	Dunkelheit	1,08	1,03
2	10.13—12.16		0,97	
3	12.16—14.15	Tageslicht	1,02	0,96
4	14.15—16.19		0,89	

Tabelle 29. Pflanze 27. *Zea Mays*, Nährlösungskultur.

Versuch Nr.	Versuchszeit	Lichtverhältnisse	Stündliche Kohlensäure-Abgabe in ccm	Kohlensäure-Mittel in ccm
1	8.30—10.40	Dunkelheit	2,42	2,43
2	10.40—12.55		2,44	
3	12.55—15.18	Tageslicht	2,64	2,63
4	15.18—17.42		2,61	

Temperatur des Versuchsraums: 19—20°. Psychrometerdifferenz: 2,6—3,2°.

Tabelle 30. Pflanze 28. *Zea Mays*, Nährlösungskultur.

Versuch Nr.	Versuchszeit	Lichtverhältnisse	Stündliche Kohlensäure-Abgabe in ccm	Kohlensäure-Mittel in ccm
1	8.45—10.55	Dunkelheit	1,81	1,83
2	10.55—13.10		1,84	
3	13.10—15.33	Tageslicht	2,00	1,89
4	15.33—17.53		1,76	

Temperatur des Versuchsraums: 19—20°. Psychrometerdifferenz: 2,6—3,2°.

Tabelle 31. Pflanze 29. *Zea Mays*, Erdkultur.

Versuch Nr.	Versuchszeit	Lichtverhältnisse	Stündliche Kohlensäure-Abgabe in ccm	Kohlensäure-Mittel in ccm
1	7.44—10.20	Dunkelheit	0,99	0,95
2	10.20—12.54		0,91	
3	12.54—15.37	Tageslicht	0,94	0,90
4	15.37—18.00		0,87	

Temperatur des Versuchsraums: 18—19°. Psychrometerdifferenz: 3,2—4°.

Die Betrachtung der Kohlensäurewerte führt uns jedenfalls zu der gleichen Annahme, daß eine wesentliche Änderung der Atmungsintensität der Wurzeln infolge verschieden starker Assimilation der Kohlensäure durch die Pflanzen nicht eintritt.

Es sprechen also auch die unter verschiedenen Assimilationsbedingungen angestellten Atmungsversuche dafür, daß ein unmittelbarer Einfluß der Lebensvorgänge des Sprosses auf die Atmung der Wurzel nicht besteht.

7. Verlauf der Wurzelatmung nach Abtrennung des Sprosses.

Das Ergebnis der Untersuchungen über den Einfluß der Assimilation und der Transpiration auf die Atmung untergetauchter Wurzeln zeigt, daß diese unterirdischen Organe in ihrem Energiewechsel bis zu einem weitgehenden Maße vom physiologischen Verhalten des Sprosses unabhängig sind. Es wurde nun noch untersucht, ob dies auch zum Ausdruck kommt, wenn durch Abtrennen der oberirdischen Pflanzenteile von der Wurzel jede Einwirkung des Sprosses unterbunden ist. Freilich muß man bei diesem Unterfangen beachten, daß das Abschneiden von Organen einen für das Lebensgetriebe der pflanzlichen Gewebe folgenschweren Eingriff bedeutet. Es wird bei diesem Vorgehen zwar jede Einwirkung des Sprosses auf das Wurzelsystem sicher ausgeschaltet, aber auch eine unmittelbare Änderung der Atmungsbedingungen der Wurzeln hervorgerufen. Durch den Schnitt werden die Gewebe verwundet. Es ist aber eine häufig beobachtete Tatsache, daß nach Verletzung von Pflanzenteilen eine Steigerung der Atmungsintensität ihrer Gewebe einsetzt. Der Betrag, um den die Sauerstoffaufnahme und die Kohlensäureabgabe gesteigert werden, ist je nach dem Pflanzenteil, der zur Untersuchung herangezogen wurde, sehr verschieden hoch befunden worden. Es zeigte sich, daß bei vegetativen Geweben, die verhältnismäßig wenig Reservestoffe enthalten, die Erhöhung der Atmungsstärke nur einen Bruchteil der normalen Atmungsintensität ausmacht. Man wird daher annehmen können, daß auch bei den untersuchten Wurzeln von *Zea Mays* und *Sonchus oleraceus* die Wirkung der Verwundung auf die Atmung verhältnismäßig gering zu schätzen ist.

Die Änderung der Atmung von Pflanzenwurzeln nach Verletzung wurde 1891 von STICH (16) untersucht. Die Kohlensäureabgabe von Pastinakwurzeln stieg, nachdem diese in zahlreiche Stücke zerschnitten waren, an und war nach etwa 6 Stunden um ungefähr 20% erhöht. Am folgenden Tag ging die Kohlensäureabgabe wieder zurück.

STÅLFELT (15) konnte in jüngster Zeit bei 0,2—0,5 Atmosphären Sauerstoffpartiärdruck erst nach schweren Wundschäden (Längsspaltung oder Zerquetschung) ein Zurückgehen der Sauerstoffaufnahme von Keimwurzeln von *Sinapsis alba* beobachten.

Es wurde nun untersucht, ob die Erhöhung der Atmungsintensität auch bei verletzten untergetauchten Wurzeln gering ist und die Sauerstoffaufnahme des Wurzelsystems von zwei Exemplaren von *Sonchus oleraceus* nach Verwundung verfolgt und mit der normalen Atmung verglichen. Die Sauerstoffaufnahme der Wurzeln der wie gewöhnlich vorbereiteten Pflanzen kam zunächst in der bisherigen Weise zur Untersuchung. Nach Öffnung des Versuchsgefäßes wurde dann die Pflanze aus der Apparatur herausgenommen und das Wurzelsystem in einem flachen Becken, in Wasser untergetaucht. Mit einer kleinen Schere machte man durch die jüngeren Teile desselben etwa 20—30 Schnitte und durchschnitt so die feineren Seitenwurzeln mehrfach. Unmittelbar nach dieser Behandlung, die einige Minuten dauerte, kamen die Wurzeln mitsamt den abgeschnittenen Teilen wieder in das Atmungsgefäß zurück. An der im übrigen unversehrten Pflanze wurde dann sofort die Untersuchung der Sauerstoffaufnahme der Wurzeln fortgesetzt.

Natürlich war der durch Aufsetzen des Stopfens abgeschlossene Raum vor und nach Verwundung nicht vollkommen gleich. Es wurde daher nach Beendigung der ganzen Untersuchung bei jeder Versuchsanordnung eine neue Bestimmung des Atmungsraumes vorgenommen und bei Ermittlung der Sauerstoffabnahme des Wassers für den zweiten Teil der Versuchsreihe in Rechnung gesetzt. Die Tatsache, daß die Abdichtung der Pflanzen mit Kakaobutter nach dem Wiederaufsetzen des Stopfens nicht mehr ganz zuverlässig war, bedeutete keine wesentliche Störung. Die über dem Wasser befindliche Paraffinölschicht bildete ja noch einen weiteren Abschluß des Wassers gegenüber der Luft, und Messungen der Wasserabnahme wurden nicht mehr vorgenommen. Das Ergebnis dieser Versuche ist aus Tabelle 32 zu ersehen.

Tabelle 32. Pflanze 30. *Sonchus oleraceus.*

Versuch Nr.	Versuchszeit		Stündliche Sauerstoff-Aufnahme in ccm	Sauerstoff-Mittel in ccm
1	9.40—10.40	Vor Verwundung	1,36	1,35
2	10.40—11.40		1,33	
3	11.51—12.52		1,37	1,44
4	12.52—13.53		1,50	
5	13.53—14.49	Nach Verwundung	1,54	1,52
6	14.49—15.49		1,49	
7	15.49—16.44		1,54	1,52
8	16.44—17.48		1,49	

Tabelle 33. Pflanze 31. *Sonchus oleraceus.*

Versuch Nr.	Versuchszeit		Stündliche Sauerstoff-Aufnahme in ccm	Sauerstoff-Mittel in ccm
1	9.54—10.54	Vor Verwundung	0,86	0,84
2	10.54—11.54		0,81	
3	12.03—13.06		0,83	0,86
4	13.06—14.07		0,88	
5	14.07—15.09	Nach Verwundung	0,88	0,89
6	15.09—16.07		0,89	
7	16.07—17.05		0,90	0,89
8	17.05—18.05		0,88	

Temperatur des Versuchsraumes: 17—18°. Psychrometerdifferenz: 3,8—4,6°.

Bei beiden Pflanzen wurde eine Erhöhung der Sauerstoffaufnahme nach Verletzung der Wurzeln festgestellt. Nach 1 bis 2 Stunden war sie um etwa 5—12% erhöht und blieb dann weiterhin bis zum Ende der Versuchsreihe annähernd auf gleicher Höhe. Aus dem Verlauf dieser Untersuchung kann man ersehen, daß der Einfluß einer Verwundung auf die Sauerstoffaufnahme der Wurzel nicht sehr bedeutend ist. Freilich ist bei diesen Versuchen die Wirkung einer Unterbindung der physiologischen Vorgänge des Sprosses auf die Wurzel nicht ganz ausgeschaltet. In den abgetrennten Teilen des Wurzelsystems kann sie sich bereits geltend machen. Da diese jedoch nur einen Bruchteil der Gesamtwurzelmasse ausmachen, dürfte dieser Vorgang gegenüber der Wundwirkung hier doch zurücktreten.

Das Ergebnis aller Untersuchungen über Steigerung der Atmung von Wurzeln nach Verletzung weist darauf hin, daß bei diesen Pflanzenteilen eine bedeutende Änderung des Gasaustausches nur bei ganz schwerer Verwundung zu erwarten ist. Bei seiner Untersuchung der Wirkung einer Verletzung von Pastinakwurzeln auf deren Atmung zerschnitt STICH die 12—14 cm lange Wurzel in 2—3 cm lange Stücke und vierteilte diese. Bedenkt man, daß die eben beschriebene Behandlung nur eine 20%ige Erhöhung der Kohlensäureabgabe der Wurzeln zur Folge hatte, so kann man annehmen, daß die durch Entfernung der oberirdischen Teile hervorgerufene Verletzung wahrscheinlich nur eine geringe Wirkung auf den Gasaustausch der Wurzeln ausüben wird. Wenn also die Aufhebung einer physiologischen Einwirkung des Sprosses auf die Atmung des unterirdischen Organes eine sehr bedeutende Veränderung des Gasaustausches desselben zur Folge hat, so müßte sie neben der Wundwirkung dennoch zum Ausdruck kommen.

Die Atmung der Wurzeln vor und nach Entfernung des Sprosses verglich CERIGHELLI in einer Anzahl von Versuchen. Er führte, wie schon erwähnt, die Veränderung des Atmungsquotienten, die er bei seinen Untersuchungen alsbald beobachtete, wenn er den Sproß von der Wurzel trennte, auf eine Wirkung der Unterbrechung des Transpirationsstroms zurück. Er tat dies deshalb, weil sie immer nur dann auftrat, wenn die Wurzel vorher in Bimssteinboden sich befand, nicht aber wenn die Wurzelatmung in Luft untersucht wurde. Die Bedenken, welche gegen die Untersuchung der Wurzelatmung in Bimsstein bestehen, gestatten nicht, diesen Befund weiter auszuwerten.

Um nun einen brauchbaren Überblick über die Wirkung der Abtrennung des Sprosses auf die Wurzelatmung geben zu können, kamen in der schon zu den vorangehenden Untersuchungen benutzten Apparatur noch einige Versuche zur Ausführung. Dabei konnte man so vorgehen, daß man die Wurzelatmung an unverletzten Pflanzen verfolgte und dann den Stengel unmittelbar über dem Kautschukverschluß des Versuchsgefäßes abschnitt. Es mußten dann weiterhin die Sauerstoffaufnahme und die Kohlensäureabgabe der Wurzeln längere Zeit hindurch untersucht werden.

Versuche mit Sonchus oleraceus.

An Pflanzen von *Sonchus oleraceus* wurde zuerst der Verlauf der Sauerstoffaufnahme der Wurzeln nach Entfernung des Sprosses nachgeprüft. Es wurde in den ersten Stunden nach dem Eingriff eine Steigerung der Sauerstoffwerte gefunden (Tabelle 34, 35 und 36).

Tabelle 34. Pflanze 32. *Sonchus oleraceus*.

Versuch Nr.	Versuchszeit		Stündl. Sauerstoff-Aufnahme d. Wurzel in ccm	Sauerstoff-Mittel in ccm
1	8.52–9.59	Pflanze unversehrt	1,17	1,14
2	9.59—10.57		1,12	
3	10.57—11.58		1,18	—
4	11.58—13.05	Sproß von der Wurzel abgetrennt	1,34	
5	13.05—14.09		1,24	1,25
6	14.09—15.07		1,25	
7	15.07—16.06		1,21	1,23
8	16.06—17.05		1,25	

Temperatur des Versuchsraums: 16—17°. Psychrometerdifferenz: 3,6—4,2°.

Tabelle 35. Pflanze 33. *Sonchus oleraceus*.

Versuch Nr.	Versuchszeit		Stündl. Sauerstoff-Aufnahme d. Wurzel in ccm	Sauerstoff-Mittel in ccm
1	8.36—9.07	Pflanze unversehrt	1,33	1,33
2	9.07—9.38		1,28	
3	9.38—10.09		1,39	
4	10.09—10.42		1,42	—
5	10.42—11.13	Sproß von der Wurzel abgetrennt	1,56	
6	11.13—11.44		1,53	
7	11.44—12.14		1,44	1,43
8	12.14—12.46		1,45	
9	12.46—13.18		1,40	

Diese Erhöhung überschreitet merklich die unter konstanten Bedingungen beobachtete Höchstabweichung der Ergebnisse von 5% vom Mittelwert. Sie geht nach mehreren Stunden wieder zurück. Nach 1½ bis 2 Stunden ist der Mittelwert aus 2 bis 3 Versuchen gegenüber dem anfangs an den noch unversehrten Pflanzen gefundenen noch merklich erhöht und bleibt dann anscheinend auf gleicher Höhe.

Die Untersuchung der *Kohlensäureabgabe* zeitigte bei *Sonchus* im großen und ganzen das gleiche Ergebnis, wie aus Tabelle 37 zu ersehen

Tabelle 36. Pflanze 34. *Sonchus oleraceus*.

Versuch Nr.	Versuchszeit		Stündl. Sauerstoff-Aufnahme d. Wurzel in ccm	Sauerstoff-Mitte in ccm
1	8.45—9.15	Pflanze unversehrt	1,92	
2	9.15—9.46		1,97	1,97
3	9.46—10.16		2,02	
4	10.16—10.47	Sproß von der Wurzel abgetrennt	2,15	—
5	10.47—11.19		2,04	
6	11.19—11.50		2,14	
7	11.50—12.22		1,99	2,04
8	12.22—12.54		2,12	
9	12.54—13.24		2,02	

Temperatur des Versuchsraums: 19—20°. Psychrometerdifferenz: 1,6—1,8°.

ist. Nur ist die vorübergehende Erhöhung der Werte etwas stärker ausgeprägt.

Tabelle 37. Pflanze 35. *Sonchus oleraceus*.

Versuch Nr.	Versuchszeit		Stündliche Kohlensäureabgabe der Wurzel in ccm
1	9.20—12.18	Pflanze unversehrt	1,00
2	12.18—15.18	Sproß von der Wurzel entfernt	1,38
3	15.18—18.17		1,23
4	18.17—21.17		1,11

Temperatur des Versuchsraums: 19—20°. Psychrometerdifferenz: 4,8—5,2°.

Auch die Kohlensäurewerte der Wurzelatmung zeigen bei *Sonchus* unmittelbar nach Entfernung des Sprosses eine bedeutende Erhöhung, die nach einigen Stunden wieder abklingt.

Versuche mit Zea Mays.

Auch Maispflanzen wurden wieder zu Versuchen herangezogen. *Zea Mays* zeigt keine merkliche Veränderung der Sauerstoffaufnahme der Wurzeln (Tabelle 38 und 39). Doch ist bei dieser Pflanze immerhin die Kohlensäureabgabe auch deutlich erhöht (Tabelle 40 und 41).

Aus den Ergebnissen der Abschneideversuche kann man ersehen, daß wenigstens in den ersten Stunden eine wesentliche Änderung des Gasaustausches der Wurzel auch nach vollständiger Entfernung des Sprosses nicht eintritt. Da jedoch genaue Zahlen über die Größe der durch das Abschneiden des Stengels durch Wundwirkung allein entstehenden Erhöhung der Atmungsintensität nicht zu gewinnen sein dürften, müssen derartige Untersuchungen von vornherein mit einer Unbekannten rechnen und sind daher nicht quantitativ auswertbar.

Tabelle 38. Pflanze 36. *Zea Mays*.

Versuch Nr.	Versuchszeit		Stündl. Sauerstoff-Aufnahme d. Wurzel in ccm	Sauerstoff-Mittel in ccm
1	8.34— 9.35	Pflanze	0,53	0,52
2	9.35—10.36	unversehrt	0,51	
3	10.36—11.50		0,54	} 0,53
4	11.50—13.00	Sproß von der Wurzel abgetrennt	0,52	
5	13.00—14.03		0,56	} 0,55
6	14.03—15.03		0,54	
7	15.03—16.02		0,55	} 0,54
8	16.02—17.02		0,52	

Tabelle 39. Pflanze 37. *Zea Mays*.

Versuch Nr.	Versuchszeit		Stündl. Sauerstoff-Aufnahme d. Wurzel in ccm	Sauerstoff-Mittel in ccm
1	9.04—10.11	Pflanze	0,27	0,28
2	10.11—11.13	unversehrt	0,29	
3	11.13—12.19		0,24	} 0,25
4	12.19—13.28	Sproß von der Wurzel abgetrennt	0,26	
5	13.28—14.30		0,24	} 0,26
6	14.30—15.32		0,28	
7	15.32—16.32		0,26	} 0,25
8	16.32—17.32		0,24	

Temperatur des Versuchs: 16—17°. Psychrometerdifferenz: 3,6—4,2°.

Tabelle 40. Pflanze 38. *Zea Mays*.

Versuch Nr.	Versuchszeit		Stündliche Kohlensäureabgabe der Wurzel in ccm	Kohlensäure-Mittel in ccm
1	8.13—10.18	Pflanze un-	1,15	1,10
2	10.18—12.31	versehrt	1,04	
3	12.31—14.43	Sproß von der	1,30	
4	14.43—16.54	Wurzel entfernt	1,21	

Tabelle 41. Pflanze 39. *Zea Mays*.

Versuch Nr.	Versuchszeit		Stündliche Kohlensäureabgabe der Wurzel in ccm	Kohlensäure-Mittel in ccm
1	8.24—10.37	Pflanze un-	1,10	1,09
2	10.37—12.42	versehrt	1,08	
3	12.42—14.52	Sproß von der	1,22	
4	14.52—17.02	Wurzel entfernt	1,16	

Temperatur des Versuchsraums: 20—21°. Psychrometerdifferenz: 1,8—2,2°.

Immerhin finden sich bei eingehender Betrachtung der Ergebnisse Anhaltspunkte dafür, daß die beobachtete Veränderung der Atmung der Wurzeln wohl hauptsächlich doch nur eine Folge der Wundwirkung ist. Die Atmungsintensität ist durchweg erhöht und nicht erniedrigt. Eine solche Veränderung muß man auch als Folge der alleinigen Wirkung einer Verletzung von Pflanzenteilen erwarten. Die Erhöhung der Atmung geht nach einiger Zeit wieder zurück. Auch diese Erscheinung wurde in der Regel bei Versuchen über Steigerung der Atmungsintensität der Pflanzen nach Verwundung beobachtet (STICH, 16, RICHARDS, 10).

Es scheint also auch eine völlige Unterbindung des Einflusses des Sprosses auf die Wurzelatmung zunächst von keinen weiteren Folgen für diese begleitet zu sein. Wenn auch auf Grund dieses Verhaltens der Atmung abgetrennter Wurzeln kein zwingender Beweis für Unabhängigkeit der Wurzelatmung von den täglichen Schwankungen der Lebensvorgänge des Sprosses geliefert werden kann, so spricht das Ergebnis der Versuche doch jedenfalls nicht gegen diese Annahme.

8. Schlußbemerkung.

Bei den Versuchen, den Gasaustausch der Wurzeln zur Klärung physiologischer und ökologischer Probleme heranzuziehen, steht immer wieder die Frage im Vordergrund, ob es zulässig ist, die an abgetrennten Wurzeln gefundenen Ergebnisse quantitativ auf das Wurzelsystem einer unversehrten Pflanze zu übertragen. Die durch die täglich wechselnden Umweltsbedingungen hervorgerufene Änderung der Intensität einzelner Lebensvorgänge des Sprosses kann auch auf das physiologische Verhalten der unter gleichmäßigeren Lebensbedingungen stehenden Wurzel einen merklichen Einfluß ausüben.

Will man diese Beeinflussung der Wurzel durch den Sproß eindeutig nachweisen, so sieht man sich experimentellen Schwierigkeiten gegenüber, da die gleichzeitige Anwendung verschiedener zuverlässiger physiologischer Arbeitsmethoden notwendig wird. Der Versuch, diese Schwierigkeiten dadurch zu umgehen, daß man die Einwirkung des Sprosses durch Abtrennung der grünen Teile der Pflanze unterbindet, ist aussichtslos, da eine quantitative Erfassung der mit diesem Vorgehen verbundenen Wundwirkung nicht möglich ist.

Die Ergebnisse der Untersuchungen sprechen dafür, daß die einzelnen Stoffwechselvorgänge, wie Atmung, Assimilation und Wasserversorgung der Pflanzen, unter normalen Lebensbedingungen weitgehend voneinander unabhängig sind. Das gilt wenigstens immer solange, als die einzelnen Reaktionen nicht als „begrenzende Faktoren" füreinander auftreten. Doch ist zu bedenken, daß die Untersuchungen über einen Einfluß der Transpiration und Assimilation auf die Atmung der Wurzeln bisher nur einen ersten Versuch, die Wirkung einzelner Lebenserscheinungen auf den Gasaustausch des unterirdischen Organes eingehender zu verfolgen, darstellen und in mancher Hinsicht noch der Ergänzung bedürfen.

Die vorliegende Arbeit wurde im Winter-Semester 1927/28 im Pflanzenphysiologischen Institut München-Nymphenburg begonnen und im Frühjahr 1928 im neu errichteten Laboratorium im Botanischen Garten zu Köln-Riehl fortgesetzt. Für Anregung und Ratschlag zu dieser Arbeit, sowie für gütiges Entgegenkommen bei Neubeschaffung von Geräten und Apparaten im Laboratorium zu Köln bin ich Herrn Professor Dr. SIERP zu großem Dank verpflichtet. Ebenso danke ich dem Assistenten am Botanischen Garten, Herrn Privatdozenten Dr. SEYBOLD, für wertvolle Beratung in experimentellen Fragen.

Literatur.

1. **de Boer, S. R.**: Respiration of Phycomyces. Rec. Trav. bot. néerl. **25** (1928). — 2. **Burgerstein, A.**: Die Transpiration der Pflanzen, III. Teil. Jena 1925. — 3. **Cauvet**: Note sur le dégagement de l'acide carbonique par les racines des plantes. Bull. Soc. bot. France **27** (1880). — 4. **Cerighelli, R.**: Recherches physiologiques sur la respiration de la racine. Ann. Faculté Sci. Marseille, II. Sér. (1921). — 5. Nouvelles recherches sur la respiration de la racine. Rev. gén. Bot. **37** (1925). — 6. **Detmer, W.**: Der direkte und indirekte Einfluß des Lichts auf die Pflanzenatmung. Ber. dtsch. bot. Ges. **11** (1893). — 7. **Frietinger, G.**: Untersuchungen über die Kohlensäureabgabe und Sauerstoffaufnahme bei keimenden Samen. Flora **22** (1927). — 8. **Löwschin, A.**: Zur Frage über den Einfluß des Lichts auf Atmung der niederen Pilze. Beih. z. Bot. Zbl. **23** (1908). — 9. **Mayer, A.**: Über die Assimilationsprodukte der Laubblätter angiospermer Pflanzen. Bot. Ztg **43** (1885). — 10. **Richards, H. M.**: The respiration of wounded Plants. Ann. of Bot. **10** (1896). — 11. **Romell, L. G.**: Luftväxlingen i Marken son ekologisk Faktor (Die Bodenventilation als ökologischer Faktor). Meddelanden fran Statens Skogsförsöksanstalt, H. 19, Nr 2. — 12. **Saikewicz**: Physiologische Untersuchung über die Atmung der Wurzeln. Justs bot. Jber. **5** (1877). — 13. **Sierp, H.**: Untersuchungen über Kohlensäureabgabe aus keimenden Samen. Flora **18/19** (1925) (Goebelfestschrift). — 14. **Sierp, H. u. Noack, K. L.**: Studien über die Physik der Transpiration. Jb. f. wiss. Bot. **60** (1921). — 15. **Stålfelt**: Die Permeabilität des Sauerstoffs in verwundeten und intakten Keimlingen von *Sinapsis alba*. Biol. Zbl. **46** (1926). — 16. **Stich, C.**: Die Atmung der Pflanzen bei verminderter Sauerstoffspannung und bei Verletzung. Flora **74** (1891). — 17. **Ursprung, A. u. Blum, G.**: Über die Lage der Wasserabsorptionszone in der Wurzel. (Vjschr. naturforsch. Ges. Zürich **73**, Beibl. 15 [1928]). Ref. Bot. Zbl. **14** (1929). — 18. **Warburg, O.**: Notiz über Bestimmung kleiner, in Wasser gelöster Kohlensäuremengen. Hoppe-Seylers Z. **81** (1912). — 19. Maßanalytische Bestimmung kleiner Kohlensäuremengen. Ebenda **61** (1909). — 20. Versuche über Kohlensäureassimilation. Naturwiss. **13** (1925). — 21. **Winkler, H.**: Untersuchungen über die Stärkebildung in den verschiedenartigen Chromatophoren. Jb. f. wiss. Bot. **32** (1898).

Lebenslauf.

Verfasser der Dissertation „Untersuchungen über Wurzelatmung" wurde geboren in München am 13. Juni 1902 als Sohn des Direktors der Bayerischen Zentraldarlehenskasse, KLEMENS LÖWENECK. Von 1913 an besuchte er die humanistische Abteilung des Wittelsbacher Gymnasiums in München und erlangte im Frühjahr 1922 das Reifezeugnis dieser Anstalt.

Vom Sommersemester 1922 bis zum Wintersemester 1923/24 studierte er Naturwissenschaften an der Universität München. Im Sommersemester 1924 war er in der Naturwissenschaftlichen Fakultät der Universität Halle-Wittenberg eingeschrieben, vom Wintersemester dieses Jahres wieder in der Philosophischen Fakultät, II. Sektion, in München. Im Frühjahr 1926 legte er den ersten Abschnitt der Lehramtsprüfung für Chemie, Biologie und Geographie ab und wurde im Anschluß hieran dem Pädagogischen Seminar für Naturwissenschaften am Alten Realgymnasium in München zugeteilt. Im März 1927 bestand er den zweiten Abschnitt der Prüfung.

Im Sommersemester desselben Jahres nahm er am einführenden Kurs für Doktoranden im Pflanzenphysiologischen Institut München-Nymphenburg teil und begann hierauf am selben Institut mit den der Dissertation zugrunde liegenden Untersuchungen. Im Sommersemester folgte er seinem hochverehrten Lehrer, Herrn Professor Dr. SIERP nach Köln und war dort hauptsächlich mit Vollendung der in Nymphenburg begonnenen wissenschaftlichen Arbeit beschäftigt.

MIX
Papier aus verantwortungsvollen Quellen
Paper from responsible sources
FSC® C105338

If you have any concerns about our products,
you can contact us on
ProductSafety@springernature.com

In case Publisher is established outside the EU,
the EU authorized representative is:
**Springer Nature Customer Service Center GmbH
Europaplatz 3, 69115 Heidelberg, Germany**

Printed by Libri Plureos GmbH
in Hamburg, Germany